奶牛养殖场
病原微生物耐药性风险防控

郑　楠　刘慧敏　赵艳坤　等　编著

中国农业科学技术出版社

图书在版编目(CIP)数据

奶牛养殖场病原微生物耐药性风险防控 / 郑楠等编著. --北京：中国农业科学技术出版社，2022.12
ISBN 978-7-5116-6053-4

Ⅰ.①奶… Ⅱ.①郑… Ⅲ.①乳牛-病原微生物-抗药性-研究 Ⅳ.①S852.6

中国版本图书馆 CIP 数据核字(2022)第 225365 号

责任编辑 金 迪
责任校对 王 彦
责任印制 姜义伟 王思文

出 版 者 中国农业科学技术出版社
 北京市中关村南大街 12 号 邮编：100081
电 话 (010) 82106625 (编辑室) (010) 82109702 (发行部)
 (010) 82109709 (读者服务部)
网 址 https://castp.caas.cn
经 销 者 各地新华书店
印 刷 者 北京建宏印刷有限公司
开 本 185 mm×260 mm 1/16
印 张 8.75
字 数 186 千字
版 次 2022 年 12 月第 1 版 2022 年 12 月第 1 次印刷
定 价 78.00 元

《奶牛养殖场病原微生物耐药性风险防控》
编著人员

主　编　著：郑　楠　刘慧敏　赵艳坤

副主编著：孟　璐　王丽芳　韩荣伟　都启晶　郝海红

　　　　　刘英玉　屈雪寅　蔡扩军

编著人员：（按姓氏拼音排序）

曹双瑜　常　嵘　陈　贺　程明轩　迟雪露

崔露文　戴涢涢　董　蕾　高亚男　宫慧姝

郭洪侠　郭梦薇　韩秋红　郝欣雨　华　实

黄安雄　黄远玲　李　琴　李爱军　马宪兰

马晓姣　邵　伟　王　成　王　军　王　帅

王富兰　王立文　王淑娟　武亚婷　许文君

杨　健　杨惠秀　杨永新　叶巧燕　张　宁

张燕飞　张寅生　张玉卿　赵苏亚　赵　昕

朱　宁

前　言

　　微生物耐药是全球公共健康领域面临的重大挑战，也是全社会广泛关注的世界性问题。世界卫生组织多年来呼吁各国重视微生物耐药问题，联合国大会、世界卫生大会、G20 峰会等重要国际会议多次研究讨论微生物耐药问题。

　　为积极响应世界卫生组织发布的《抗微生物药物耐药性全球行动计划》，我国多个部门联合连续印发了《遏制细菌耐药国家行动计划（2016—2020 年）》《遏制微生物耐药国家行动计划（2022—2025年）》，在国家层面采取综合治理措施应对细菌耐药，从药物研发、生产、流通、应用、环境保护等各个环节加强监管。

　　2020 年 10 月 17 日，第十三届全国人民代表大会常务委员会第二十二次会议审议通过了《中华人民共和国生物安全法》。其中第三十三条明确提出，国家加强对抗生素药物等抗微生物药物使用和残留的管理，支持应对微生物耐药的基础研究和科技攻关。

　　农业农村部奶产品质量安全风险评估实验室（北京）、农业农村部奶及奶制品质量监督检验测试中心（北京）和农业农村部奶及奶制品质量安全控制重点实验室，联合全国 17 家风险评估实验室（实验站），在农业农村部农产品质量安全监管司的指导下，以及国家奶产品风险评估重大专项的支持下，连续 7 年围绕我国奶牛养殖场潜在有害微生物耐药性开展系统的风险评估工作，初步明确了我国奶牛乳腺炎生乳中的主要病原微生物种类、主要病原微生物耐药性现状和趋势，对未来的防控工作提出了具体目标和实施方案。

　　本书基于多年研究结果，分为 6 个章对奶牛养殖场病原微生物耐药性进行详细阐述，各章之间既相互独立又有所交织。第一章介绍了抗生素的发现、分类及其在奶牛上的应用等；第二章介绍了细菌耐药的产生及机制、危害等；第三章分别从常规检测、快速测定和组学技术等方面介绍了检测细菌耐药的方法；第四章揭示了磺胺类、喹诺酮类、β-内酰胺类等不同种类抗菌药物的耐药机制；第五章阐述了生鲜乳中主要细菌种类、不同菌属的耐药流行情况及耐药基因的传播等；第六章总结了耐药性监测系统、抗生素使用及管理、生态环境及新药物开发等不同途径减少耐药性的措施。希望能够引发社会对潜在有害微生物耐药性问题更广泛的思考和更深刻的认识。

由于细菌耐药性问题涉及面广，还有许多亟待解决的问题，本书旨在推进动物源细菌耐药的遏制行动，不足之处，敬请广大读者批评指正。

编著者

2022 年 11 月

目　录

第一章

什么是抗生素

第一节　抗生素的发现

一、抗生素的基本概念

早期发现的一些抗生素，如青霉素、链霉素等均来自微生物的生命活动，而且主要应用在由细菌感染引起的疾病防治上，因此认为抗生素是微生物在新陈代谢过程中产生的，具有抑制其他微生物生长活动，甚至杀死其他微生物的一种化学物质。

随着抗生素工业的不断发展，把抗生素的来源仅限于微生物所产生则显得狭隘。因为抗生素的来源不仅限于细菌、放线菌、丝状真菌等微生物，植物及动物也能产生抗生素。此外，抗生素的应用范围也远远超过了抗菌范围。比较确切的抗生素定义应为"抗生素是指由微生物（包括细菌、真菌、放线菌属）或高等动植物在生命活动过程中所产生的具有抗病原体或其他活性的一类次级代谢产物，是能干扰其他生活细胞发育功能的化学物质。临床常用的抗生素有微生物培养液中的提取物以及用化学方法合成或半合成的化合物"[1]。

二、抗生素的发展简史

1929 年，英国细菌学家弗莱明在培养皿中培养细菌时，发现从空气中偶然落在培养基上的青霉菌长出的菌落周围没有细菌生长，他认为是青霉菌产生了某种化学物质，分泌到培养基里抑制了细菌的生长。这种化学物质便是最先发现的抗生素——青霉素。在第二次世界大战期间，弗莱明和另外两位科学家——弗洛里、钱恩经过艰苦的努力，终于把青霉素提取出来制成了治疗细菌感染的物资药品。1943 年，还在抗日后方从事科学研究工作的微生物学家朱既明，也从长霉的皮革上分离到了青霉菌，并且用这种青霉菌制造出了青霉素。1947 年，美国微生物学家瓦克斯曼又在放线菌中发现并制成了治疗结核病的链霉素。过去了半个多世纪，科学家们已经发现了近万种抗生素。不过它们之中的绝大多数毒性太大，因此适合作为治疗人类或牲畜传染病的抗生素还不到百种[2]。

三、养殖业中抗生素应用现状

在我国，抗生素在养殖业中主要应用于两个方面：一是治疗畜禽疾病，降低养殖动物的患病率和死亡率；二是加快畜禽生长，增加饲料利用率。随着畜禽集约化养殖，抗生素的使用量在逐年增加。为确保抗生素的规范使用，我国完善了法律法规体系，以保障畜禽产品安全。2001 年，农业部发布《饲料药物添加剂使用规范》；2015 年，农业部规定禁止在食用动物中使用洛美沙星等 4 种药物；2018 年，在中国饲料发展论坛上提出：除植物提取物类仍可在饲料中使用外，药物饲料添加剂将在 2020 年被纳入药物管理，禁止在饲料中使用；2020 年 2 月，农业农村部第 194 号公告表示：自 2020 年 1 月 1 日起，进口兽药代理商停止进口相应兽药产品；自 2020 年 7 月 1 日起，饲料生产企业停止生产含有促生长类药物饲料添加剂（中药类除外）的商品饲料[3]。

第二节　抗生素的分类

根据抗生素的概念，将临床常用的抗生素（包括微生物培养液中的提取物和用化学方法合成或半合成的化合物）分为以下九类：β-内酰胺类抗生素、氨基糖苷类抗生素、四环素类抗生素、大环内酯类抗生素、多肽类抗生素、酰胺醇类抗生素、磺胺类抗生素、喹诺酮类抗生素和其他类抗生素[4,5]。

β-内酰胺类抗生素指化学结构含有 β-内酰胺环的一类抗生素，兽医临床上常用的药物包括青霉素类和头孢菌素类。青霉素为窄谱抗生素，主要对多种革兰氏阳性菌和少数革兰氏阴性菌有作用。头孢菌素类抗生素具有广谱杀菌作用，对革兰氏阳性菌和阴性菌（包括产内酰胺酶菌）均有效。

氨基糖苷类抗生素是由链霉素或小单孢菌产生或经半合成制得的一类水溶性的碱性抗生素，属于杀菌性抗生素，对需氧革兰氏阴性杆菌作用强，对于厌氧菌无效，对于革兰氏阳性菌作用较弱，但是金黄色葡萄球菌（包括耐药菌株）较敏感。兽医临床上常用的药物包括链霉素、卡那霉素和庆大霉素等。链霉素通过干扰细菌蛋白质合成过程，致使合成异常的蛋白质或阻碍已合成的蛋白质释放，对结核分枝杆菌和多种革兰氏阴性杆菌有抗菌作用。卡那霉素的作用机制和抗菌谱与链霉素相似，但作用稍强。庆大霉素对多种革兰氏阴性菌和金黄色葡萄球菌（包括产 β-内酰胺酶菌株）均有抗菌作用。

　　四环素类抗生素是由链霉素产生或经半合成制得的一类碱性广谱抗生素，兽医临床上常用的药物包括四环素、土霉素等；四环素属于广谱抗生素，对革兰氏阳性菌作用较强，对革兰氏阴性菌较敏感。

　　大环内酯类抗生素是由链霉素产生或半合成的一类弱碱性抗生素，具有 14～16 元环内酯结构，兽医临床上常用的药物包括红霉素、替米考星和泰拉霉素等；红霉素对革兰氏阳性菌的作用与青霉素相似，而且其抗菌谱较青霉素广，常作为青霉素过敏动物的替代药物。泰拉霉素通过与细菌核糖体 RNA 选择性地结合来抑制必需氨基酸的生物合成，在体外可有效抑制牛溶血性巴氏杆菌和多杀性巴氏杆菌。

　　多肽类抗生素是一类具有多肽结构的化学物质，兽医临床上常用的药物包括杆菌肽、黏菌素和那西肽等；黏菌素通过与细菌细胞膜内的磷脂相互作用，渗入细菌细胞内膜，破坏其结构，进而引起细胞膜通透性发生变化，导致细菌死亡。黏菌素对革兰氏阳性菌不敏感。杆菌肽为多肽类抗生素，其抗菌作用机理与青霉素相似，主要抑制细菌细胞壁合成。此外，杆菌肽又与敏感细菌细胞膜结合，损害细菌细胞膜的完整性，导致营养物质与离子外流。

　　酰胺醇类抗生素（Chloramphenicols）也称氯霉素类抗生素，主要有氯霉素、甲砜霉素及氟苯尼考，现用化学合成法大量生产。属于抑菌性广谱抗菌药，低浓度抑菌，高浓度杀菌；对革兰氏阴性菌有较强的杀灭作用，对革兰氏阳性菌作用较弱；对支原体、衣原体、立克次氏体有效。与细菌核糖体 50S 亚基结合（可逆），抑制肽酰基转移酶活性，组织肽链延伸，使蛋白质合成受阻。氟苯尼考最不易产生耐药性（甲砜基，F）。

　　磺胺类抗生素属一类广谱抗生素，把磺胺类药物与抗菌增效剂合用，能够增强磺胺类药物的抗菌活性。磺胺类药物在使用过程中，因剂量和疗程不足等原因，易使细菌对此类药物产生耐药性。兽医临床上常用的药物包括磺胺嘧啶、磺胺噻唑和磺胺二甲嘧啶等。磺胺嘧啶属于广谱抗生素，通过与对氨基苯甲酸竞争二氢叶酸合成酶，从而阻碍了敏感菌叶酸的合成而发挥抑菌作用。磺胺二甲嘧啶对革兰氏阳性菌和阴性菌有良好的抗菌作用，抗菌作用较磺胺嘧啶稍弱。

　　喹诺酮类抗生素是人工合成的具有 4-喹诺酮基本结构的静止期杀菌性抗生素，是兽医临床常用的一类抗菌药物，常见的药物包括环丙沙星和恩诺沙星等；环丙沙星抗菌机制是作用于细菌细胞的 DNA 旋转酶，干扰 DNA 的复制、转录和修复重组，从而导致细菌不能正常繁殖而死亡。

　　其他类抗生素在兽医临床上常用的药物主要包括乙酰甲喹、小檗碱和乌洛托品等抗菌药物。乙酰甲喹属于喹啉类抗生素，通过抑制菌体的 DNA 合成达到抗菌作用，对多数细菌具有较强的抑制作用，对革兰氏阴性菌的抑制作用强于革兰氏阳性菌。

　　此外，可以根据抗生素作用机制进行分类，主要分为抑制细菌细胞壁生物合成的抗生素（如青霉素类、头孢菌素类等）、抑制蛋白质生物合成的抗生素（大环内酯类、林可霉素类和氨基糖苷类等）、抑制细菌核酸生物合成的抗生素（如喹诺酮类）和影响细菌细胞代谢的抗生素（如磺胺类）。

第三节 奶牛养殖中抗生素的应用

一、国内外奶牛养殖场中抗生素的应用

一般而言，奶牛场不需要也不允许使用抗生素进行常规保健，如果泌乳期奶牛使用抗生素，会导致牛奶中抗生素残留。只有在奶牛出现疾病症状时，奶牛场才能使用抗生素进行治疗，且使用抗生素期间及此后数日所产牛奶均须丢弃。奶牛的常见疾病可分为五大类，包括临床及隐性乳腺炎、繁殖系统及产后疾病、消化系统疾病、肢蹄病及代谢类疾病等。

抗生素能有效治疗奶牛乳腺炎，是目前国内外治疗细菌性乳腺炎常用方法，一般分为泌乳期和干奶期治疗。国外奶业发达国家，抗生素主要用在治疗乳腺炎，其次用于治疗肺炎和子宫炎症。治疗乳腺炎时可使用适当的抗生素，如青霉素和第三代头孢菌素等β-内酰胺类药物，阿米卡星和庆大霉素等氨基糖苷类药物，以及氟喹诺酮类药物[6,7]。对2019年到2021年我国报道的乳腺炎发病情况进行统计，发现隐性乳腺炎的发生率高于临床乳腺炎，其占统计总数的60%，隐性乳腺炎与临床乳腺炎发病比例为1.48∶1[8]，而临床乳腺炎多由隐性乳腺炎发展而来。针对临床乳腺炎，国内奶牛养殖场将采取乳区灌注、肌内注射及静脉注射的方法，可能用到的抗生素包括青霉素、链霉素、庆大霉素、卡那霉素、环丙沙星、林可霉素、氟苯尼考等，通常选择其中几种配合使用[9]。

奶牛繁殖系统及产后疾病包括子宫内膜炎、产后瘫痪、胎衣滞留、产后败血症、产后感染等。其中，子宫内膜炎的发病率极高，与乳腺炎、肢蹄病并列为奶牛场的三大常见病。治疗上述疾病可能用到的抗生素包括青霉素、链霉素、土霉素、庆大霉素、安乃近、磺胺类，采用子宫灌注和全身性抗生素治疗的手段。

奶牛常见消化疾病包括前胃弛缓、前胃臌胀、瘤胃积食、真胃移位、腹泻等。奶牛消化系统疾病多由饲养管理不当或细菌、病毒感染引起。治疗上述疾病一般使用健胃药，抗生素使用相对较少，仅针对细菌性腹泻使用抗生素，可能用到的抗生素包括庆大霉素、卡那霉素、氟哌酸、磺胺类等。

奶牛肢蹄病是奶牛四肢及蹄部疾病的总称，是影响奶牛使用寿命的主要因素，也是奶牛场的常见病。治疗方法包括局部外用药物疗法、手术疗法、局部注射用药疗法等，急性或严重性肢蹄病可采用全身疗法进行治疗。局部治疗用药包括磺

胺、土霉素、阿司匹林等。全身用药包括青霉素、链霉素、红霉素等混合肌内注射。

二、奶牛养殖场中抗生素的使用规定

奶牛养殖场中抗生素的使用应严格遵照《中华人民共和国兽药典》《中华人民共和国兽药规范》《兽药管理条例》《中华人民共和国动物防疫法》《兽药质量标准》《饲料药物添加剂使用规范》和《奶牛饲养兽药使用准则》等现行的法规和标准执行。

近年来，随着奶牛集约化养殖的发展，为控制疫病和促进动物生长，抗生素被广泛运用于奶牛生产中，但高比例的抗生素难以被动物内脏完全吸收，因而随着动物粪便以各种途径进入水体、土壤等环境介质中，不仅污染了环境，而且还对人体健康造成潜在威胁，引起了公众对细菌耐药性的担忧。对于奶牛而言，无法被机体吸收的抗生素还会经泌乳分泌到生乳中，造成生乳品质的降低。因此，在奶牛养殖环节减少抗生素使用量、组织相关机构为养殖户普及安全用药知识，对推动我国奶牛养殖绿色循环发展具有重要意义。

因此，我国陆续开展了抗生素减量化行动，如 2015 年开始在食品动物中禁止使用洛美沙星、培氟沙星、氧氟沙星、诺氟沙星 4 种人兽共用抗生素（农业部第 2292 号公告）[10]；2016 年禁止硫酸黏菌素预混剂用于促进动物生长（农业部第 2428 号公告）[11]；2017 年禁止非泼罗尼用于食品动物（农业部第 2583 号公告）[12]和禁止在饲料中添加硫酸黏杆菌素[13]，并在同年印发了《全国遏制动物源细菌耐药行动计划（2017—2020 年）》[14]，明确要求药物饲料添加剂应在 2020 年全部退出市场；2018 年禁止喹乙醇、氨苯胂酸、洛克沙胂用于食品动物（农业部第 2638 号公告）[15]，并制定了《兽用抗菌药使用减量化行动试点工作方案（2018—2021 年）》[16]；2020 年正式启动饲料端"禁抗"（农业农村部第 194 号公告）[17]；2021 年 10 月，农业农村部发布的《全国兽用抗菌药使用减量化行动方案（2021—2025 年）》指出，要确保"十四五"时期全国动物产品兽用抗菌药的使用量保持下降趋势[18]。

奶牛养殖业抗生素的大量使用可导致兽药残留、动物源细菌耐药性甚至食品安全等问题，很多国家致力于减少抗生素使用量。全球养殖业相继出台了相关禁抗政策，瑞典 1986 年禁抗，是起步最早的国家，随后荷兰 1998 年禁抗、丹麦 1999 年禁抗，2006 年欧盟全面禁止使用促生长抗生素，2008 年起日本禁止在饲料中使用抗生素，美国公布指导性文件计划从 2014 年到 2017 年禁止在动物饲料中使用预防性抗生素，韩国从 2018 年 7 月起全面禁止使用抗生素，2018 年，巴西农业、畜牧业、食品供应部和国防部联合发布声明禁止饲喂（促生长）抗生素[19]。

三、奶牛养殖场中抗生素使用存在的主要问题

抗生素在以往畜禽养殖中发挥着非常重要的作用，对于畜禽养殖中疾病的预防和治疗起到了良好的效果，但是长时间、大剂量的抗生素使用也导致了各种各样的问题，例如，奶牛养殖中抗生素的大量使用导致奶牛常见疾病的病原微生物出现耐药性，同时抗生素大量使用将导致牛奶中的抗生素残留，降低了牛奶的品质，且影响消费者健康。其中，细菌耐药性已成为全球公共健康的威胁。养殖场出现细菌耐药性的主要原因是人们迫切希望通过使用抗生素来促进动物生长和预防疾病。从公共卫生角度来看，生乳中具有耐药性的细菌也可能危害人类，因为耐药的病原体可能通过食用受污染的奶制品或直接接触受感染的奶牛传播给人类。

一般来说，细菌耐药性是指细菌在抗生素正常使用剂量下抵抗抗生素抑制活性的能力。由于细菌对抗生素的长期适应，耐药性首先出现在易感菌株中，从而导致特定菌株发生进化，最终可以在抗生素正常使用剂量下存活。耐药性的传递一般可以通过基因突变或来自另一微生物的水平基因转移获得，包括接合、转化和转导[20]。随后，由于食物链关系，动物体内细菌的耐药性可以传播给人类。此外，这种跨物种传播也可能通过人与动物之间的直接接触或由受污染的环境直接传播给人类。在生乳生产中，奶制品也可能以几种方式受到具有耐药性菌株的污染，如直接来自土壤、水和粪便等环境，或在食品加工过程中受到交叉污染[21]。

第二章

细菌耐药性的产生及危害

第一节 细菌耐药性的产生

细菌耐药性的产生有内因和外因两方面，内因主要包括细菌结构、生理生化功能、遗传因子等遗传因素，外因主要是指抗生素临床的滥用、饲料添加剂的不合理添加、环境因素等。细菌耐药性的产生机制复杂多变，主要包括固有耐药性、获得耐药性和适应耐药性等遗传学机制，酶解作用、主动外排机制、膜通透性改变和药物作用靶位改变等生化机制以及生物被膜等多个方面。

一、细菌耐药性产生的遗传学机制

（一）固有耐药性

固有耐药性（Intrinsic resistance）又称天然耐药性，是指细菌对抗生素的天然不敏感，由细菌的种属特性所决定。固有耐药性由耐药基因决定，这类基因是指存在于某类细菌（种、属或属以上水平）染色体上位置较保守的与耐药相关的一类基因[22]。固有耐药性来源于细菌本身染色体上的耐药基因或天然缺乏药物作用的靶位，可代代相传，具有典型的种属特异性，且始终如一，可以预测。例如，多数革兰氏阴性杆菌耐万古霉素和甲氧西林，肠球菌耐头孢菌素等；细菌的细胞膜缺乏两性霉素 B 作用的靶位固醇类，故其对两性霉素 B 具有固有耐药性；革兰氏阴性菌具有外膜通透性屏障，导致这类细菌对多种药物固有耐药[23]。

（二）获得耐药性

获得耐药性指细菌在抗生素作用下产生了自身突变或外源性获得耐药基因而导致的。基因的水平转移是细菌获得耐药性的主要方式。细菌通常通过突变或通过质粒、转座子元件或噬菌体介导的水平基因转移获得抗生素抗性。通过结合、转化、转导等使携带的耐药质粒在细菌间扩散[24]。$IncI1$ 型质粒是人源和食品源大肠杆菌及沙门氏菌携带和传播 β-内酰胺酶基因最常见的质粒之一，bla_{TEM} 和 bla_{CTX-M} 可通

过 *IncN* 和 *IncI*1 在禽类和人之间广泛传播[25]。整合子可以捕获不同的、多个耐药基因并整合形成耐药基因盒，然后携带耐药基因盒插入转座子或者接合质粒中，导致耐药基因的水平传播。噬菌体不需要细菌之间接触就可以传递遗传物质，噬菌体转导耐药性在同一种属细菌甚至不同种属细菌之间传递。亚胺培南、头孢他啶和氨曲南耐药基因可以通过溶原性噬菌体转移至铜绿假单胞菌临床株。四环素耐药性可以通过溶原性噬菌体从猪源鸡肠球菌转移至粪肠球菌[26]。细菌的 DNA 可以通过 3 种方式发生转移，即转化、转导和接合转移，使耐药基因在同种菌间或不同菌种间进行扩散。结核分枝杆菌发生基因突变或获得外源性耐药基因时，就会降低结核分枝杆菌对药物的敏感性，发生获得性耐药[27]。细菌的获得耐药性可因不再接触抗生素而消失，也可由质粒将耐药基因转移至染色体而代代相传，成为固有耐药性[28]。

（三）适应耐药性

除了固有耐药性和获得耐药性，另一个重要概念"适应耐药性"已成为热点问题。适应耐药性是特定环境信号（例如，压力、生长状态、pH 值、离子浓度、营养条件、抗生素的亚抑制水平）诱导的对一种或多种抗生素的耐药性。与固有耐药性和获得耐药性相比，适应耐药性是瞬态的（图 2-1）。适应耐药性允许细菌对抗生素挑战做出更快的反应，一旦诱导信号被消除，通常会恢复到原始状态[29,30]。适应耐药性是在抗生素压力下，细菌为了生存或繁殖而调节自身代谢以适应环境而形成的适应性能力。研究发现一些细菌耐药相关的耐药基因，不仅决定其耐药性产生，而且决定细菌自身的适应性。大量研究表明携带有突变的氟喹诺酮类耐药弯曲杆菌，即使在没有抗生素压力情况下也能够稳定生存[31]。环境中的 pH 值、厌氧环境、阳离子浓度等影响因素都与细菌适应性耐药有关。细菌适应耐药性

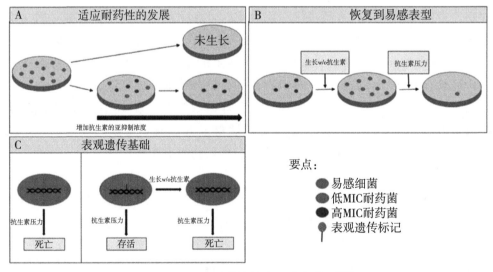

图 2-1　适应耐药性的表观遗传基础[33]

的产生往往会导致细菌产生适应性代价，适应性代价通常表现为细菌在没有抗生素压力下生长速率及竞争力的下降。部分产生适应性代价的菌株可通过代偿突变恢复其适应性[32]。

二、细菌耐药性产生的生化学机制

（一）酶解作用

抗生素类物质进入细胞后，会诱导细菌产生灭活酶或钝化酶，通过水解或修饰作用破坏抗生素结构，使其丧失抑菌活性，从而产生耐药性。近年来，由 β-内酰胺酶介导的 β-内酰胺类抗生素耐药性问题日渐突出。迄今为止，已报道了 1 000 多种不同的 β-内酰胺酶可破坏 β-内酰胺环的酰胺键（图 2-2），使抗菌药物失效。一些金黄色葡萄球菌会产生 β-内酰胺酶分解 β-内酰胺环，从而表现出对青霉素的耐药性。被誉为"超级细菌"的碳青霉烯类抗生素耐药菌株（NDM-1）携带大量的 bla_{CMY}、bla_{TEM}、bla_{SHV}、bla_{CTX-M} 等 β-内酰胺酶基因，分泌 β-内酰胺酶，从而水解 β-内酰胺类抗生素，而 CarO 等膜蛋白和青霉素结合蛋白 PBPs 的修饰也与碳青霉烯类耐药相关[34]。研究表明，万古霉素和替考拉宁可与肽聚糖前体的 D-丙氨酰-D-丙氨酸残基结合，从而抑制粪肠球菌中的细胞壁合成。D-丙氨酰-丙氨酸转变为 D-丙氨酰-乳酸，糖肽不与其交联，从而对其产生耐药性（Van A 型耐药）[35]。此外，氨基糖苷乙酰转移酶（Aminoglycoside acetyltransferase，ACC）等一些修饰酶也在耐氨基糖苷类药物的细菌中被广泛发现[36]。

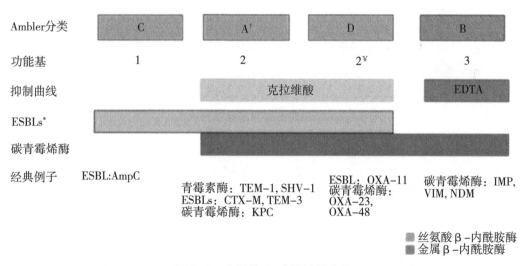

图 2-2 主要的 β-内酰胺酶分类

（[†] A 类酶最为多样化，包括青霉素酶、ESBL 和碳青霉烯酶；[¥] Ambler D 类酶属于功能组/亚组 2d；[*] 属于亚组 2br 的 A 类酶对克拉维酸抑制具有抗性；ESBLs，超广谱 β-内酰胺酶。）

（二）细菌主动外排机制

许多细菌的细胞膜上存在蛋白质主动外排系统，可将已进入细菌细胞内的抗生素泵出胞外，阻止抗生素在细菌细胞内积累，从而导致细菌获得耐药性。目前已知的外排泵系统主要分为：ATP连接盒转运体家族（ABC family）、主要易化因子超家族（MFS family）、小多重耐药外排泵家族（SMR family）、多重药物与毒物外排家族（Mate family）和耐药结节化细胞分化家族（RND family）（图2-3）。铜绿假单胞菌的MexXY多药外排泵在ArmZ与MexZ的DNA结合域的相互作用下介导对四环素的耐药性[38]。外排泵CmeABC系统通常和突变机制协同作用介导实现弯曲杆菌的大环内酯类药物耐药性[35]。TetA、CmlA、MdfA、CraA和AmvA等MFS外排泵已被证实可以调节鲍曼不动杆菌对多种抗生素的耐药性。

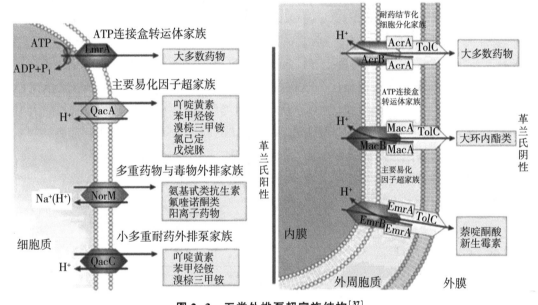

图 2-3　五类外排泵超家族结构[37]

（三）细胞膜通透性改变

细胞外膜上的孔蛋白是一种非特异性的跨膜水溶性通道蛋白，是抗生素进入细菌的天然屏障。一些具有高渗透性外膜的抗生素敏感细菌可以通过降低外膜渗透性而产生耐药性。如果非特异性孔蛋白基因发生突变而导致表达量降低，同样能使大肠杆菌等革兰氏阴性菌的耐药性大大增加。例如，OprD2作为一种特殊的孔蛋白通道，在亚胺培南（非典型的β-内酰胺类抗生素）和铜绿假单胞杆菌的互作中发挥了重要作用，突变可使OprD2蛋白表达减少甚至缺失，导致细菌外膜通透性改变，碳青烯酶类药物进入受阻，从而铜绿假单胞杆菌产生耐药性。OmpK35在肺炎克雷伯菌菌株中的表达使头孢菌素和美罗培南的MIC降低（≥128倍）[39]。大肠杆菌K-12菌株中破坏tolC基因表达，也可以大大提高该菌对氨基糖苷类抗生素的敏感性[40]。

　　然而，大多数抗生素活性的发挥不单纯取决于外膜的通透性或者抗生素的失活，两者之间的平衡更重要。Hamzaoui 等[41]研究发现单纯的膜孔蛋白缺失并不能直接导致碳青霉烯耐药性菌株的出现，而 ompK35/36 缺失和 SHV-5、CTX-M-15 等 ESBL 和/或 AmpC 的产生共同在肺炎克雷伯菌的碳青霉烯耐药性方面起着重要作用。

（四）药物作用靶位改变

　　当细菌体内抗生素类药物的结合位点结构改变时，抗生素与细菌结合的亲和力降低或无法结合，从而导致抗生素抗菌作用消失。青霉素结合蛋白 PBPs 的改变，TetM 蛋白的核糖体保护及 DNA 旋转酶突变等均是抗生素靶位改变的机制。PBPs 作为 β-内酰胺药物作用的靶点，其基因发生变异后直接导致蛋白改变，从而使得 β-内酰胺类抗生素无法与之结合或结合能力降低，可能导致耐药性出现[42]。喹诺酮类药物能与 DNA 旋转酶或拓扑异构酶Ⅳ及细菌 DNA 绑定形成"喹诺酮-酶-DNA"的三元复合物，当 DNA 拓扑异构酶Ⅱ基因的喹诺酮抗性决定区发生突变后，该复合物则无法形成，而 qnr 基因表达产生的 Qnr 蛋白却可以保护 DNA 旋转酶或拓扑异构酶Ⅳ无法形成三元复合物，从而产生喹诺酮耐药性（图 2-4）[43]。

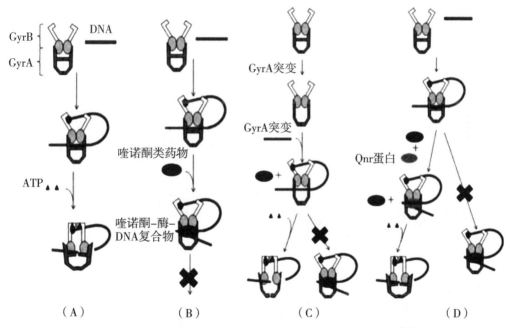

图 2-4　DNA 旋转酶介导的耐喹诺酮类抗生素作用机理[44]

　　此外，核糖体 30S 大亚基作为四环素和氨基糖苷类抗生素的作用靶位 50S 小亚基作为大环内酯类和氯霉素类等抗生素的作用靶位，其结构的改变通常造成靶位与抗生素亲和力变化，从而导致细菌产生对四环素、氨基糖苷类、大环内酯类和氯霉素类等抗生素的耐药性[45]。

(五) 生物被膜

细菌生物被膜是指在多聚糖、蛋白质和核酸等组成的基质内相互粘连黏附于物体表面的细菌群体。生物被膜形成后，会减少抗菌药物渗透，促进抗菌药物水解，从而提高对抗生素的抵抗能力，产生高度耐药性[46]。目前细菌生物被膜耐药机制并未完全阐明，主要集中在以下几方面：一是依附于一些可移动基因元件的生物被膜内耐药基因的水平转移；二是生物被膜形成后产生的胞外多糖基质提供了渗透屏障作用，可阻止抗生素进入包裹于生物被膜内的细菌细胞中[47]；三是生物被膜形成后，其内部生存环境改变，细菌会进入生长迟缓状态，对抗生素敏感性也会降低[48]；此外，生物被膜中还存在一种处于休眠状态的滞留菌，其细胞代谢活动十分缓慢，创造了一个抗生素无法作用的环境，从而具备较强的耐药性[49]；四是群体感应系统首先调节细菌生物被膜的生成，进而由生物被膜保护细菌免受抗生素类攻击，细菌菌体感应系统主要包括存在于革兰氏阴性菌中的酰基高丝氨酸内酯类信号分子，存在于革兰氏阳性菌中的寡肽类蛋白信号分子及阳性菌阴性菌中都可能存在的呋喃酰硼酸二酯类信号分子[50]（图2-5）。

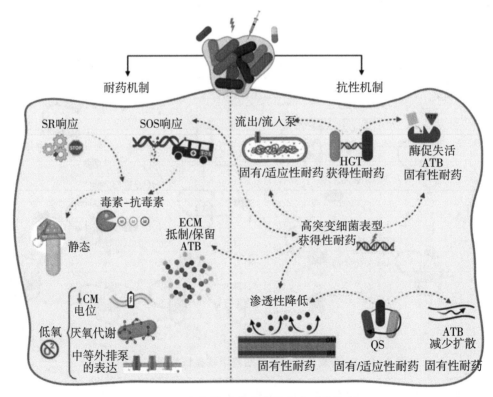

图2-5 生物被膜介导的抗生素耐药机制

第二节　细菌耐药性的危害

在当今全球化趋势下，不同国家和地区的人类、动物与环境之间的联系日益紧密，人类把大量抗生素用于动物疾病防控与生长促进，造成了动物体内抗生素残留。动物体内尤其是食用动物体内残留的抗生素会通过食物链、食物生产销售网传递给人类。因此人类、动物、环境三要素在抗生素耐药传播过程中都起着重要作用，如忽视其中任一方面的抗生素管控，将难以有效遏制耐药菌持续增加的现状，会造成病死率升高以及医疗负担大幅增加的困境。兽药残留会严重影响动物产品的质量，不仅会降低动物产品的食用价值，还会危害人体健康。

一、对食品安全和人类健康的危害

我国的抗生素生产量与消费量庞大，同时，我国也是世界上滥用抗生素最严重的国家之一。据估计，2013 年我国抗生素生产量达 24.8 万 t[51]。我国抗生素人均消费量是美国的 10 倍。临床治疗过程中对抗生素的不合理使用会造成病原菌耐药性水平增加，造成抗感染的成本上升且治愈困难，我国每年因滥用抗生素而死亡的人数可达 8 万人[52]。抗生素滥用会加重患者的经济负担，浪费医疗资源，更为严重的是会导致具有多重耐药性的"超级细菌"出现。多重耐药性细菌的出现意味着人类未来可能会回到感染性疾病无药可治的"前抗生素时代（Preantibiotic）"，这将会导致患者和全人群的抗感染工作负担加重，威胁人类健康。

人体食用含抗生素残留的动物产品，达到一定量以后，使体内的敏感菌产生耐药性，人类感染后使用抗生素治疗会导致无效或药效下降，对人体健康构成很大威胁。动物使用抗生素后可在体内残留累积，人类食用含抗生素残留的动物产品可引起过敏反应，严重者可危及生命。牛奶类食品中残留的青霉素类、四环素类等抗生素容易让人体产生过敏反应，尤其是易感体质，轻则出现皮肤瘙痒和荨麻疹，重则引发人体急性血管性水肿甚至休克、死亡，产生极大的危害。磺胺类药物容易对敏感人群造成皮炎，有些会发生白细胞减少，更严重的引发溶血性贫血和药热。喹诺酮类药物会诱导人体的变态反应、光敏反应，引起一系列不适[53]，危害人类健康。由于兽药残留浓度一般很低，加上人们食用数量有限，大多数药物并不能由于残留引起急性中毒，但少数药物如盐酸克仑特罗残留可引起人急性中毒。许多兽药或添加剂都有一定的毒性，如曾经广泛应用的氯霉素可引起再生障碍性贫血，氨基糖苷类有较强的肾毒性等，如果长期食用含有这些药物的动物性食品就可能产生慢性毒性作用。此外，氨基糖苷类抗生素还具有损伤听力的副作用，长期摄入含有这类抗生素的食品，轻者会导致头晕、耳鸣，严重时还会造成不可逆的听力丧失[54]。

现已发现许多兽药具有致畸、致癌、致突变作用，如雌激素、呋喃唑酮、砷制剂等都已被证明具有致癌作用，许多国家都已禁止将这些药物用于食品动物。1998 年美国"国家毒理研究中心"报道大剂量的磺胺二甲嘧啶（SM_2）可导致大鼠的甲状腺癌和肝癌的发生率大大增加。此药为牛、猪的常用药，其消除半衰期较长，是造成兽药残留的主要药物之一。食入 SM_2 残留高的动物性食品是否引发癌症目前尚无报道，但为慎重起见，一些国家已禁止 SM_2 用于泌乳牛，我国未将该药品列入禁用药品清单，但农业部在 2002 年 12 月发布的《动物性食品中兽药最高残留限量》标准中，规定了磺胺类药物的最大残留限量和 SM_2 在牛奶中的最大残留限量[55]。20 世纪 70 年代以前，许多国家将雌激素或同化激素用做畜禽的促生长剂，但鉴于在食品动物组织中的残留及可能对人体造成的危害，均已陆续禁止使用。我国农业农村部已在《食品动物禁用的兽药及其它化合物清单》中做出禁止将己烯雌酚用于所有动物的所有用途的规定，但由于利益的驱使，目前在我国，非法将此类药物用于畜禽、水产养殖的情况仍时有耳闻，如果大量或长期食用含有这类药物的产品，则可能干扰人的激素功能。长期食用含有己烯雌酚等性激素的食品可致儿童性早熟、肥胖，并有致癌的危险。如呋喃西林是一种致癌抗生素，其残留对人体有致癌作用[56]。

畜禽动物体内抗生素的残留，会通过食物链最终进入人体。我国肉、蛋、奶、鱼及蔬菜中均检测出过抗生素残留，且在牛奶、养殖鱼和蔬菜中有较高的检出率（90.9%~100%），其他类型食品中抗生素残留量均未出现超标现象[57]。食用抗生素残留超标的食品具有人体健康风险，长期抗生素超标食品的暴露则会造成人体健康危害。人体的口腔、肠道、皮肤、腺体等处的菌群在相互拮抗下处于相对稳定的状态，长期食用各种抗生素残留的食品，会造成一些非致病菌的死亡，使菌群失衡，导致一些被抑制的细菌或外来细菌繁殖，进而引起疾病感染。因人们长期大量不科学地使用抗生素等添加剂，细菌的耐药性不断增强，给畜禽疾病的治疗带来极大的困难，造成抗生素研究成本加大，抗生素生命周期缩短，同时这些耐药菌随着食物链进入人体内，对人医临床采用同种或同类抗生素也产生耐药或交叉耐药性，甚至出现抗生素无法控制人体细菌感染的情况[58]。

二、对养殖业的危害

畜牧业与水产养殖业领域中的抗生素使用量巨大。2013 年全球用于食用动物的抗生素总量据估计达 131 109 t，预计到 2030 年可达 200 235 t[59]，增幅达52.7%。目前，我国是兽用抗生素消费量最大的国家，调查显示我国所消费的抗生素中有一半以上（约 8.4 万 t）用于动物生产[51]，如不加以控制，到 2030 年我国畜牧业抗生素消费量将占世界抗生素生产总量的 1/3[59]。这些抗生素并非仅用于动物治疗，其中大部分被用于动物的疾病预防与促进快速生长。周明丽[60]指出我国约 70%的兽用抗生素被用于动物饲料添加剂。长此以往将会导致动物体内耐药菌增加并对人类健康造成威胁。例如，一项研究发现肉鸡生产过程中使用氟喹诺酮类药物会导致人群中耐环丙沙星弯曲杆菌增加，说明畜牧业中的抗生素使用与人群中耐药菌增加有关，这将给人类临床抗感染治疗带来困难[61]。为此，欧盟自 2006年起全面禁止在饲料中使用抗生素作为食用动物促生长添加剂[62]。但值得注意的是，Bunnik 等[63]通过建立模型发现，仅通过减少食用动物中的抗生素使用量并不能有效降低人群中的抗生素耐药，而降低抗生素耐药由动物向人类的传递速度能够更加有效地降低人群耐药水平，如果不能有效控制耐药菌由动物向人类的传递过程，那么全球抗生素耐药问题将无从解决。动物养殖业抗生素滥用是影响人类健康的关键问题，中国作为兽用抗生素消费大国，在应对抗菌药物耐药方面应积极发挥领导作用。

　　畜禽养殖过程中，一部分抗生素是以药物的形式用于动物治疗，另一部分则是通过饲料添加剂进入动物体内。据统计，近些年我国平均每年约有 6 000 t 的抗生素被用作饲料添加剂，其目的主要是促进生长。这些抗生素在畜禽动物体内残留会对其造成危害。残留于动物体内的抗生素不但会随着血液循环进入组织器官，直接抑制吞噬细胞的功能，还会通过二重感染间接性地对吞噬细胞的功能产生抑制作用。这不但会抑制动物的免疫力，增加动物大规模患病的风险，剂量过大时还可诱发畜禽呼吸肌肉麻痹，抑制呼吸甚至导致死亡[64]。

　　已有研究表明，雏鸡在连续饮 0.2%磺胺喹恶啉 2 周后就会发生轻度中毒的表现，饮用 0.5%磺胺喹恶啉则很快就发生中毒现象，其表现为机体免疫机能下降，免疫器官发育受阻，抗体水平降低，肌肉出血，肝、肾等实质器官变性肿胀。在土霉素灌肠对鸡的急性和蓄积性的毒性试验中发现，大剂量服用土霉素会给鸡的内脏及肠道等多器官组织带来损伤，使得这些组织器官的功能发生变化，最终导致机体的循环、消化、呼吸及排泄功能逐步衰竭，从而使鸡中毒而发生死亡。并且通过蓄积性毒性试验发现土霉素有中等蓄积作用，长期低剂量服用土霉素（0.80 g/kg）可以对雏鸡多个器官组织造成损伤，进而发生死亡。在土霉素对肉鸡的影响研究中发现，高剂量的土霉素会使肉鸡表现出一定的中毒症状，使其摄食量减少，机体的营养物质代谢失调，利用率降低，导致生长受抑制[65]。并且高剂量土霉素对肉鸡脏器有一定损害作用，会破坏肝脏线粒体细胞中蛋白质的合成，对过氧化氢酶、胃蛋白酶、胰蛋白酶表现出抑制作用。在养猪时长期使用抗生素会增加细菌的抗性，促使细菌进化，造成细菌耐药性上升，使猪生病后难以治疗，并且感染疾病的机会增多，同时抗生素影响着生猪的免疫功能，长期使用会导致猪的抗病能力急速下降，造成无法进行免疫，丧失免疫功能[66]。

　　此外，畜禽动物肠道系统的微生物之间存在着相互制约的平衡状态，大量的抗生素在促生长过程中会影响肠道敏感微生物的活性与数量，而不敏感微生物则大量繁殖，从而破坏肠道微生物的平衡，诱发肠道感染疾病。在研究抗生素对仔猪肠道微生物的影响中证明，肠道微生物的结构确实因为抗生素的添加发生了显著的改变[67]。

三、对生态环境的危害

兽药残留对环境的影响程度取决于兽药对环境的释放程度及释放速度。有的抗生素在肉制品中降解速度缓慢，如加热也不会使链霉素丧失活性，有的抗生素降解的产物比自体的毒性更大，如四环素的溶血及肝毒作用。目前我国动物养殖生产中滥用兽药、药物添加剂的情况比较严重，其动物的排泄物、动物产品加工的废弃物经无害化处理，排放于自然界中，有毒有害有机物持续蓄积从而导致环境严重污染，破坏土壤和水中微生物的平衡，打破生态环境的平衡，最终导致对人类的危害[68]。

水体中的抗生素污染是环境抗生素污染的主要形式。除了新疆、西藏等西部地区外，全国各个水域均有不同程度的抗生素污染[69]。环境中的抗生素主要源于环境固有抗生素与人为抗生素污染。前者指环境中天然存在的抗生素：自然环境条件下部分真菌等微生物为了生存竞争可以产生抗生素使其他微生物的生存受抑制；后者指人为因素造成的抗生素残留，是环境中抗生素污染的重要来源。畜牧养殖业中抗生素被广泛使用，然而大多数抗生素并不能被机体完全吸收，部分会以排泄物形式进入环境并通过食物链和水体在动物与人群之间转移，对环境与人类健康造成潜在危害。研究表明来自医院与药厂的污水进入水体也可能导致环境中的抗生素污染。传统污水处理技术不能对水中的抗生素进行有效去除，当水体受到严重污染时，抗生素有机会通过氯化消毒后的供水系统向人类转移，但近年来超声降解等新型污水处理方法的出现使高效处理抗生素污水成为可能[70]。此外，土壤因受人类活动影响，也是抗生素重要的存在环境之一。我国土壤抗生素污染状况严重，喻娇等[71]在珠三角地区蔬菜土壤中检测出四环素、磺胺类和喹诺酮类等多种抗生素，其中喹诺酮类检出浓度达 1 537.4 μg/kg。由于土壤中的抗生素会被植物吸收，进而可通过食物链对人体健康造成影响[72]。

环境中微生物的抗生素耐药主要源于自然选择与微生物的长期进化。一方面产生抗生素的微生物为了防止自身生存受影响，其基因组中通常含有编码抗生素耐药物质的基因；另一方面少数微生物在抗生素的选择压力下发生突变，改变自身代谢途径并获得耐药性，这类微生物在抗生素的选择压力下更可能存活，并通过基因的横向转移将耐药基因在不同种属之间进行传递，从而产生更多耐药型和多重耐药型微生物，这种获得性耐药可能是微生物产生耐药性的主要原因[73,74]。自然条件下环境中的抗生素含量维持在较低水平，其对微生物的选择压力处于相对平衡之中，但是当人为因素造成环境中抗生素含量大幅增加，这种无意识的人工选择将导致敏感性细菌大量减少，同时具有抗生素耐药的细菌更易于存活，对人与动物健康产生潜在威胁。

迄今为止，抗生素抗性基因尚未作为一种环境污染物而引起普遍重视。2006年首次将抗生素抗性基因作为一种环境污染物提出，并指出考虑到其可能对动、植物和人体健康造成的潜在生态风险，在养殖业、畜牧业集中地区以及受其影响地区应尽快开展水/土壤环境介质中抗生素抗性基因的环境行为研究。环境中抗生素及抗性基因的迁移、暴露途径见图 2-6。

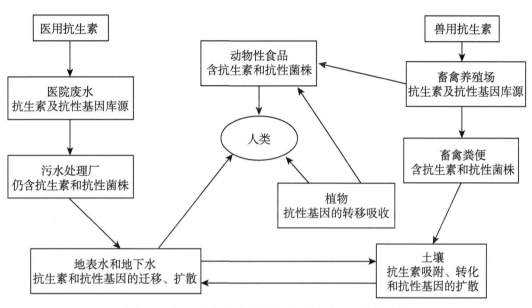

图 2-6 环境中抗生素及抗性基因的迁移、暴露途径

抗生素耐药性作为世界性难题，不仅加重了医疗负担，还对人类与动物的健康产生了潜在威胁。抗生素滥用是抗生素耐药产生的主要原因，有效限制抗生素使用、降低抗生素在人类与动物之间的传递速度是解决抗生素耐药问题的关键。由于人类与动物体内的耐药菌可以通过食物链与水体互相传播，忽视其任何一方的防控工作都无法从根本上解决抗生素耐药问题。人类对于感染性疾病的斗争还将会持续下去，在面对细菌抗菌药物耐药性日益增强的同时，我们不仅要谨慎选用抗生素，同时要做好细菌耐药性监测相关工作，随时掌握最新的细菌耐药性信息，为临床用药提供科学依据。

第三章

细菌耐药性检测方法

第一节　常规检测方法

一、纸片扩散法

纸片扩散法试验就是 Kirby-Bauer（K-B）试验。是临床微生物学实验室最常规的药物敏感性试验的方法。其原理是将浸有抗菌药的纸片贴在涂有细菌的琼脂平皿上，抗菌药在琼脂内向四周扩散，其浓度呈梯度递减，因此在纸片周围一定距离内的细菌生长受到抑制，过夜培养后形成一个抑菌圈，其直径大小与药物浓度的对数呈线性关系。通过直尺或游标卡尺对这些抑菌圈直径大小进行测量，然后将测量结果与美国临床和实验室标准协会（Clinical and Laboratory Standards Institute，CLSI）文件上所列的判断标准进行比较，从而判断测试菌株对各种抗菌药的敏感性[75]。

纸片扩散法能够检测和评估常见细菌的耐药表型，主要包含 5 个操作步骤：药敏平皿的制备，待测菌的菌液制备，菌液接种，含抗菌药纸片的放置，然后放入 35℃温室或温箱培养 16~18 h 后阅读结果。纸片扩散法主要用于对营养要求不高且生长速度较快的非苛养菌，如肠杆菌科细菌、非发酵菌、葡萄球菌、肠球菌和链球菌等，生长速度较慢的细菌如结核分枝杆菌不宜采用纸片扩散法进行药敏试验[76]。

由于纸片法药敏试验操作方便易学易用，可在基层实验室开展药敏试验，所以纸片法药敏试验是应用最广泛的药敏试验方法，是细菌耐药性资料积累最丰富的方法。随着我国养殖业的发展以及整个养殖业管理水平的提高，纸片法药物敏感性试验逐渐被广大兽医人士所认可，许多兽医、养殖从业人员都通过学习掌握了纸片法药物敏感性试验技术，并且很多兽医在临床细菌感染性疾病的治疗过程中，都以药敏试验的结果来指导临床用药。纸片法药物敏感性试验已经在养殖业用药指导中起到了巨大的作用，该方法在临床中也已经被认为是一种权威的用药指导依据。

药敏试验具有重复性较好、操作简便、试验成本相对较低、结果直观、容易判读、便于基层开展的优点。但至少需要 16~18 h 的培养时间才能得到结果，且试验结果受多种因素的影响，如培养基的质量、细菌接种量、药敏纸片的质量、药敏纸片含药的准确性和均匀性等[77]。因此需实施质控监测，即在平行条件下将质控菌株与待检菌进行药敏试验。只有当质控菌株的抑菌圈在预测值之内时，待检菌的试验结果才可信。

二、肉汤稀释法

肉汤稀释法判断细菌药物敏感性的原理是根据细菌在一系列含有二倍稀释浓度抗菌药物的培养物中的生长情况，肉眼观察无明显细菌生长的培养器中所含药物的最低浓度就是最低抑菌浓度（Minimum inhibitory concentration，MIC）。MIC 值越小，说明细菌对该种抗生素越敏感。稀释法可分为肉汤稀释法和琼脂稀释法，肉汤稀释法可分为微量肉汤稀释法和常量（试管）肉汤稀释法。

常量（试管）肉汤稀释法是最保守的一种药敏试验方法，其最大优点是能精确测定 MIC 值和最低杀菌浓度（Minimun bacterial concentration，MBC）值，培养过程不容易污染，但此法操作相当烦琐，费时、费力和费材，大大限制了此法的广泛应用，目前应用较少。微量肉汤稀释法是在试管肉汤稀释法的基础上改进而来的，与试管肉汤稀释法的步骤基本相同，只是用 96 孔聚苯乙烯微孔板代替了试管。微孔板有 8 排，每排 12 孔，每孔容量为 0.25 mL 或 0.36 mL，孔底呈"U"形，便于观察细菌的生长状况。96 孔微孔板可以同时测定 8 种或者 12 种抗生素的最低抑菌浓度，大大提高了检测效率。

微量肉汤稀释法与常量（试管）肉汤稀释法主要区别为培养基不同，试验步骤基本一致。主要包括药物稀释、菌液制备、菌株接种、孵育培养、结果判断。在读取和报告所测抗菌药对细菌的 MIC 前，应检查受试菌生长质控平板或对照管或对照孔（不含抗菌药）的细菌生长情况，以确定其是否被污染及接种量是否合适，以及抗菌药物对参与试验的质控菌株的 MIC 值是否处于合适的质控范围。当在微量肉汤稀释法出现单一的跳孔时，应记录抑制细菌生长的最高药物浓度。如出现多处跳孔，则不应报告结果，需重复试验。

抗菌药物应直接从厂商或相关机构获取，实际浓度依据说明书进行换算，药品应按照说明书要求或于-20℃下干燥冷藏，制备好的药液应无菌并至少于-60℃冷冻保存，融化后应 24 h 内使用，未使用的不可再次使用。肉汤稀释法中，非苛养菌可选择阳离子调节的 MH 肉汤，对苛养菌中有特殊要求的如嗜血杆菌属、链球菌属可分别选择 HTM 培养基、含 5%脱纤维马血 CAMHB。检测葡萄球菌对苯唑西林、甲氧西林、萘夫西林的敏感性时，培养基中须含有最终浓度为 2%的 NaCl。

肉汤稀释法的优势在于操作简便、重复性强等。稀释法可以得到对临床用药有指导意义的 MIC 值，可以在定性的同时又定量。稀释法可以同时试验多种菌，对抗生素的选择也比较自由，是临床中常用的药敏试验方法，但该方法同纸片扩散法一样，也需要将试验菌和质控菌进行平行试验，当质控菌的结果符合标准，试验菌的结果才可靠，且该方法至少需要 16~20 h 才能得到结果，且 MIC 值的准确判断对操作人员的要求较高。

三、琼脂稀释法

琼脂稀释法是将不同剂量的抗菌药物加入融化并冷至 50℃ 左右的定量 MH 琼脂中，制成含不同递减浓度抗菌药物的平板，接种受试菌，孵育后观察细菌生长情况，以抑制细菌生长的琼脂平板所含最低药物浓度为 MIC。

琼脂稀释法主要步骤包括培养基制备、含药琼脂平板制备、接种物制备与接种、结果判断。需要注意的是琼脂稀释法中，一般选择 MH 琼脂，检测葡萄球菌对苯唑西林、甲氧西林、萘夫西林的敏感性时，培养基中须含有最终浓度为 2% 的 NaCl。如结果观察到跳孔现象应检查培养物纯度或重新进行试验。

琼脂稀释法可精确测定 MIC 值，重复性也好，能同时测定大量菌株的耐药性，并能观察受试菌的生长情况；琼脂稀释法在一定程度上克服了肉汤稀释法操作烦琐的缺点，同时还能观察试验中是否染有杂菌，因此琼脂稀释法被称为药敏测定的"金标准"，是一种使用较早、结果较准确的细菌药敏性测定方法，该方法可在一个平板上同时做多株菌 MIC 值的测定，重复性好、效率高，并可通过观察受试菌的生长情况发现杂菌污染，其测定结果常作为其他药敏试验的参考标准。但琼脂稀释法也有工作量较大、较为费时费力的缺点，这也限制了琼脂稀释法在少量菌株药敏性测定方面的应用。

第二节　快速测定方法

一、E-test 法

E-test（PDM Epsilometer test，E-test）是一种新型测试抗菌药物敏感性的方法，是稀释法和扩散法原理的结合。E-test 试剂条是一条 5 mm×50 mm 非活性塑料薄条，其表面标有以 μg/mL 为单位的抗菌药浓度 MIC 判读刻度，并标出是何种抗菌药，背面含有干化、稳定的浓度由高至低连续梯度分布的抗菌药，药物浓度按 log2 梯度递减。将 E-test 条放至一个已接种细菌的琼脂平板时，其载体上的抗菌药迅速且有效地释放入琼脂，从而在试剂条下方马上建立了一个抗菌药浓度的连续的梯度，经孵育后，当细菌的生长清晰可辨时，即可见一个以试剂条为中心的对称抑菌椭圆环，椭圆环边缘与试剂条的交界处的刻度（以 μg/mL 为单位）即为 MIC 值。

E-test 法操作步骤与纸片扩散法相同。先将制备好的 0.5 麦氏浊度的菌悬液均匀涂布于 MH 琼脂表面，然后用无菌镊子将 E-test 条贴于琼脂上，每个直径 9 cm 的琼脂平皿内可放含药塑料带 1~2 条，直径为 14~15 cm 的平皿可放 4~6 条。过夜培养后在塑料带周围形成一椭圆形抑菌圈，其边缘与塑料带交叉处的药物浓度标记即为该药对该细菌的最低抑菌浓度（MIC 值）。

需要注意的是 E-test 条必须在有效期范围内，贴于琼脂表面时，一定要注意有刻度的一面要朝上，试剂条一旦贴于琼脂表面即不可随意移动，因为 E-test 条中的抗菌药会在贴于琼脂的瞬间释放入琼脂，涂布菌液后，必须在室温放置 15 min，等琼脂表面水分被吸干后才能开始贴 E-test 条。

E-test 法可用于营养要求较高、生长缓慢或需特殊培养条件的病原菌的药敏试验，如流感嗜血杆菌、肺炎链球菌、淋病奈瑟菌、空肠弯曲菌和厌氧菌等，具有定量检测、结果准确快速、操作简便、不需特殊仪器设备、可用于联合药敏试验、易于标准化操作和质量控制等优点，但价格较高、不易普及推广为其缺点。

二、全自动检测系统

微生物自动药敏测试系统结合微量生化反应系统，实现了药敏检测和细菌鉴定的自动化和机械化，使得原来缓慢、烦琐的手工操作变得快速、简单。目前常用的药敏自动检测系统包括梅里埃 VITEK2 全自动细菌鉴定及药敏分析系统、Thermo 全自动药敏分析系统、BD Phoenix Automated Microbiology 系统、德国西门子的 MicroScanWalkAway 系统等。

药敏试验有两种测定法：比浊法和荧光测定法。根据药敏试验的判读标准，每一种药物设计了多个稀释梯度，每一种抗生素测定最低抑菌浓度可用 3~8 个测试孔不等，在卡中加入一定浓度的菌悬液；系统配有专用光电比浊仪，便于测定由不同细菌配置菌悬液的浓度。由于孔内微生物生长会形成小颗粒或聚集成团块将引起浊度变化，仪器采用光电比浊法测定各个测试孔的浊度变化，每隔一定时间读取数据一次，读数器会测得不同的吸光度值，得以获取待检菌在不同浓度药液及不同药物中的生长率。最小抑菌浓度（MIC 值）的测定是在含有各种浓度的抗生素的反应卡中加入待测细菌的菌悬液，经过一定时间孵育后，用光电比浊法测定其透光率，获取吸光度值，若细菌生长，浊度增加，吸光度值增大，表示该孔内的抗生素不能抑制细菌，反之表示细菌被抑制，以最小药物浓度仍然能够抑制细菌的反应孔为该种抗生素对此菌的 MIC 值。用荧光技术测定时在肉汤中加入荧光底物，大部分菌种都能在 5 h 内判读 MIC 值，并根据相应标准报告其药物敏感结果（S、I、

R）。MIC 卡每种药物均有多个稀释度。仪器在每一次读取数值后，自动将所测取的数据与存储在硬盘中的菌种资料库标准菌生物模型相比较，由电脑分析得出结果并做出鉴定，可通过打印机打印报告。

张迎华等[78]研究发现竹杆棉拭子制备上机鉴定的菌悬液会对鉴定结果造成严重影响，菌株不纯、鉴定卡选择错误、菌悬液制备不当、超出鉴定范围等也会发生不同程度影响。所以使用全自动微生物分析仪时要严格按照操作要求进行测定，综合分析结果，对可疑结果应主动复核。

药敏自动检测系统的优点是集成了标准浓度细菌悬液的配制、接种、培养、菌株生长情况测定及报告 MIC 值 5 个步骤于一体，严格遵循临床和实验室标准协会（CLSI）或欧洲委员会的抗菌药敏试验（EUCAST）指南，大大缩减了传统药敏检测方法的工作量，在有纯培养物的条件下，仅需简单的菌悬液制备过程即可上机，获得与传统药敏试验相符的结果，特别适合临床微生物实验室的需求，拥有快速、自动化等优势。在药敏结果的数据报告、分析及传递方面具有便捷性及准确性，减少了人力，这 3 种自动检测系统的缺点一方面是仪器体积庞大、不便携、自动化设备、耗材昂贵、使用成本高；另一方面药物选择的灵活性差，难以满足科学研究的需求，其更多应用于临床微生物实验室[79]。

第三节　PCR 检测方法

一、实时荧光定量 PCR

PCR 是 20 世纪 80 年代开发的一种技术，它彻底改变了分子生物学，在脱氧核糖核苷酸存在的情况下，使用正向和反向 PCR 引物和 DNA 聚合酶能够快速和指数扩增靶 DNA 序列。常规 PCR 包括 3 个步骤：①双链 DNA 在 95℃变性，②PCR 引物在 50~60℃退火，③DNA 在 72℃延伸。微生物学实验室常规使用 PCR 来检测细菌中可能存在的任何基因。通过琼脂糖凝胶电泳并用溴化乙啶或其他荧光 DNA 螯合染料染色 DNA，可以观察 PCR 扩增的基因产物。包括放大和可视化在内的整个过程可能需要 4~5 h。在实时 PCR（RT-PCR）中，不需要琼脂糖凝胶电泳；这可以节省大量时间并且更安全，因为不需要使用致癌物质溴化乙啶。RT-PCR 可以使用插入任何双链 DNA 的非特异性染料或序列特异性 DNA 探针，该探针由标记有荧光报告基因的寡核苷酸组成，该荧光报告基因仅在探针与其互补杂交后才可进行序列检测。

基于核酸扩增技术的耐药基因检测方法可以缩短报告时间，早期进行抗菌药物调整进行靶向治疗。全自动检测分析系统 GeneXpert 利用 PCR 技术可检测 mecA 或

mecC 基因，该系统还可以检测万古霉素耐药基因 *vanA* 和 *vanB*，以及针对直肠拭子中碳青霉烯类耐药基因 *KPC*、*NDM*、*VIM*、*OXA*48 和 *IMP* 的筛查，GeneXpert 系统高度整合样品制备、扩增及检测于一个独立的试剂盒中，并将其自动化，只需很少的人工操作，但受荧光通道限制，通常只能同时报告 2 ~ 6 种靶标[80-82]。RT-PCR 已在欧洲广泛使用，并用于对存档的细菌分离物进行快速的大规模流行病学监测，以寻找质粒介导的 *mcr*-1 和 *mcr*-2 基因的存在，这些基因具有质粒介导的耐药性，自 2015 年发现和报告以来，黏菌素作为最后的抗生素手段引起了极大的兴趣。正如黏菌素暴发所证明的那样，使用 RT-PCR 作为一种在暴发应对期间针对 *AMR* 基因检测的快速、简单且廉价的方法仍然是任何其他技术无法比拟的。

二、多重 PCR

多重 PCR 技术是对其中几个目标 DNA 片段同时扩增，可以使用常规 PCR 或 RT-PCR 进行。使用多重 PCR 技术，使得 PCR 用于监测细菌中的多个抗生素耐药基因变得更加容易，并且这种技术在今天已被广泛使用，在适当的情况下取代 PCR 和 RT-PCR 应用来扩增单个基因。在多重 PCR 检测中，可以使用不同引物同时检测几个耐药基因。产物必须具有不同的大小，并且可以通过凝胶电泳（如果来自常规 PCR）或通过添加不同的染料进行 RT-PCR 来实现可视化。多重 PCR 通常用于检测不同基因，所有这些基因都与相同的耐药表型有关，例如，检测革兰氏阴性菌中最普遍的 β-内酰胺酶，这些基因与头孢菌素[83]或碳青霉烯类[84,85]耐药有关。因此，通过同时筛选这些基因，可以节省大量时间和精力来检测导致耐药表型的可能机制。

例如，BioFire 公司的 FilmArrayBCID 检测系统采用巢式多重 PCR 的原理，将核酸提取、PCR 扩增和产物检测集成到一个封闭的测试条中，可检出来自血培养中 24 种常见的菌血症病原菌和 3 种耐药基因 *mecA*、*vanA/B* 和 *KPC*，该系统根据不同测试条组合，最多可同时报告 43 种病原体/耐药基因结果。CuretisUnyvero 系统采用多重 PCR 技术用于组织感染、血流感染和腹腔内感染的诊断，包含更为全面的病原体和耐药基因检测模块[86,87]。

三、LAMP 技术

等温 PCR 技术如环介导等温扩增技术（LAMP）与 RT-PCR 的不同之处在于，整个过程是在恒温下进行的，不需要升温和降温。LAMP 的温度约为 65℃，最多使用 6 种不同的引物。反应中的嵌入染料使实时 PCR 机器对目标 DNA 扩增进行实时荧光检测，这比 PCR 或 RT-PCR 快得多。然而，LAMP 扩增也可以使用简单的水浴或加热元件进行，并通过光度法测量浊度，这两种方法都适用于快速检测场景和资源匮乏的环境。

用于检测耐药性的 LAMP 测定法包括已开发的几种测定法，这些测定法用于检测编码用于一线治疗或作为最后手段的抗生素的耐药性基因。比如为检测从人和动物中纯化的细菌中的 *ESBL*、*AmpC* 基因和碳青霉烯酶而开发的 LAMP 测定法[88,89]。由于 LAMP 检测的速度快且易于在恒温下进行，因此开发了几种 LAMP 检测（*blaVIM*、*blaNDM*、*blaKPC*、OXA-48 家族、CTX-M-1 家族和 CTX-M-9 家族）使用 eazyplex-SuperBugCRE 系统（AmplexBiosystemsGmbH，Giessen，Germany）检测碳青霉烯酶和产 ESBL 的肠杆菌科细菌[89]。

四、DNA 微阵列技术

DNA 微阵列是基因组工具，在过去十年中已成功用于通过测试生物体中基因的存在与否来评估细菌基因组多样性。DNA 微阵列技术最初是基于载有数千个特定 DNA 探针的载玻片，这些探针基于一个参考菌株中存在的基因，可获取全基因组序列。随着对特定物种或更多分离株进行全基因组测序，微阵列载玻片上存在的探针数量显著增加，以代表作为"泛基因组"一部分的参考菌株中不存在的辅助基因。进行比较基因组杂交，由此对测试和参考分离物 DNA 进行荧光标记并与微阵列载玻片杂交。通过分析杂交结果确定测试分离物中基因的存在与否。这种方法可以检测大量的无法使用全基因组测序（Whole genome sequencing，WGS）测试分离物（数十到数百个）中的基因组多样性。

然而，使用载玻片和荧光染料使该过程既昂贵又耗时。但是，这项技术也取得了一些进步。Alere 微阵列具有几个优点，使其适用于可能接收数百个样本的常规诊断实验室。优点包括含有 DNA 探针的微阵列载玻片可以适应更简单的平台，例如，Eppendorf 试管或 96 孔板的底部使用辣根过氧化物酶替代昂贵的荧光染料，可更快速、更经济地处理大量测试样本的 DNA，且不需要双重杂交。然而，与完整的微阵列载玻片相比，缺点包括可以打印的 DNA 探针数量只有几百个。此外，该平台不能检测基因表达的状况，仅适用于检测基因的存在和缺失，因为在杂交前标记测试 DNA 期间包含预扩增步骤。

Alere 微阵列已被用来研究 AMR 和毒力基因，这些基因可能存在于质粒和转座子等移动遗传元件上，并且可以被共同选择。肠道病原体和共生菌（如人类和动物来源的田间和临床分离物）的表征对于了解这些基因通过人畜共患病细菌的传播途径非常重要，这些基因可能最终影响人类健康和治疗。与功能基因组方法相比，微阵列可能更适合检测存在于可移动遗传元件上的 AMR 基因，这些基因可能以低拷贝数存在，尽管微阵列可能不如下一代测序方法敏感，但深度测序的数量可能会非常高。技术可以应用于任何样本，包括来自农场动物和环境的样本。

第四节　组学技术

一、全基因组技术

与 PCR 和微阵列一样，WGS 具有检测 AMR 的遗传决定因素（基因和突变）的潜力。使用 WGS 的主要优点是能够同时覆盖许多不同的目标，并对特定基因变体进行亚型分析。当前用于分析的 WGS 与 PCR（随后是扩增子的 Sanger 测序）和微阵列技术有着类似的结果以及缺点。然而，与微阵列不同的是，WGS 还提供了向分析数据库快速添加新目标序列的可能性，以及对已测序的分离物用计算机进行快速再分析的能力。

测序平台 WGS 数据是在高度复杂的测序平台上生成的，与传统的 Sanger 测序技术相比，它产生了大量的序列数据。现在最常见的细菌基因组高通量测序平台是 Illumina 和 IonTorrent 机器，它们执行所谓的第二代或下一代测序技术（与传统的 Sanger 测序技术相反）。这些机器的共同点是输出由相对较短的读数组成（100~400 bp，取决于技术），在大多数情况下，它比耐药基因要短。此外，与传统 Sanger 测序技术遇到的错误相比，源自下一代测序技术的单次读取的发生率以及基于方法学的测序错误的发生率相对较高。为了克服这个困难，可为每个基因组生成大量剩余（称为 x 倍覆盖）的短读长数据，并通过多数调用用于纠错。这种（重叠）短读长数据的过剩可以映射到已知参考组装或用于构建序列数据（所谓的重叠群）的更大片段（从头组装），这些片段组合起来构成单独的基因组草图。

检测任何相关基因（包括耐药基因）存在的一个重要先决条件是短读长数据的质量和数量足够大，以确保下游分析正确检测到给定基因以避免假阴性结果。由于 WGS 的分析方法具有潜在的高灵敏度，另一个重要的考虑因素是要确保 WGS 数据不包含任何污染 DNA 的痕迹，以防导致假阳性结果。然而，低含量的 DNA 很难被检测到，制备 DNA 和测序文库时使用适当的阴性对照，以及良好的实验操作手段通常是避免或使污染问题最小化的最佳方法。

使用 WGS 数据检测与 AMR 相关的遗传决定因素的生物信息学方法，从 WGS 数据中提取相关信息以检测与抗菌药物敏感性降低相关的遗传决定因素，远非一项简单的任务。主要挑战是获得包含相关 DNA 或蛋白质序列目标的综合数据库和基于这些目标数据库的 WGS 数据，应用适当的生物信息学方法准确提取相关信息。

二、宏基因组学方法

宏基因组学极大地扩展了我们在微生物学领域的认知，揭示了在各种环境中发现的多种甚至来源于古代的抗生素抗性基因（Antibiotic resistance genes，ARGs）。此外，功能宏基因组学发现的 ARGs 是可以潜在地通过水平转移并能够传播到其他细菌属的基因。NGS 技术提高了宏基因组数据的测序深度和质量。宏基因组学方法，是对从环境或任何直接测序的样品中提取的总 DNA 和获得的序列读数进行分析并与几个数据库进行比较。该方法很好地描述了功能和分类的多样性和丰度，以及基因突变和 ARG。功能宏基因组学的优点在于可以对可能含有多种微生物混合物的样本进行 DNA 分析。提取 DNA 后，将其片段化并插入载体以创建宏基因组文库。这些文库被插入到表达载体中，然后在选择性板上选择表达感兴趣表型的克隆。因此，功能宏基因组学是研究各种样本基因功能的有力方法。功能宏基因组方法可以识别 ARGs 及其已知变体，同时也突出了在已知蛋白质抗性机制中的新作用[90]。可以使用含有抗生素的选择性板分析来自宏基因组文库的克隆遗传内容是否存在新的 ARG。该技术不限于先前已知的序列，并且能检测出样品中的 ARG，即使在 ARG 水平较低时也是如此。此外，可以构建更大尺寸的文库，在一定程度上提供 ARGs（操纵子、基因簇或移动元件的一部分）的上下文信息。然而，该方法无法确定目标基因的起源及其具体位置。此外，可能无法研究表达载体的天然抗性或不能识别启动子的 ARGs 表达，因此选择最合适的表达载体非常重要。

第四章

耐药机制

第一节　磺胺类抗生素的耐药机制

一、磺胺类药物的介绍

磺胺类药物虽然实际应用的种类不多，但是此类药物抗菌谱比较广泛，价格比较便宜，国内能大量生产，养殖业也能大规模使用。但是它的抗菌活性比较弱，只能起到抑制细菌生长的作用，还易产生耐药性。甲氧苄啶等抗菌增效剂与磺胺嘧啶等磺胺类药物一起使用使后者的作用效果大大增加。二氢叶酸合成酶（DHPS）以及二氢叶酸还原酶（DHFR）两种酶对细菌生长繁殖中叶酸的合成至关重要，因为细菌必须通过 DHPS 先合成二氢叶酸，再通过 DHFR 生成四氢叶酸。磺胺类药物和抗菌增效剂正是针对细菌四氢叶酸合成过程中这两种酶来高效协同地发挥作用，前者竞争性地抑制 DHPS 活性，而甲氧苄啶可竞争性抑制 DHFR，从而导致细菌的生长繁殖过程受阻。磺胺类药物对大部分细菌包括革兰氏阳性和阴性菌均表现出较好的活性，这就是磺胺类药物被广泛用于治疗由大肠杆菌和其他细菌等引起的感染的原因之一[91]。

二、磺胺类药物的耐药机制

与其他抗菌药物一样，细菌对磺胺类药物的耐药性在其广泛应用于临床后很快出现并广泛的传播，葡萄球菌最易产生，其次是大肠杆菌和链球菌。对磺胺类药物和抗菌增效剂的耐药性主要有：①细菌中固有 DHFR 的存在导致对药物的固有耐药性；②通过增加靶酶中的基因表达等来扩增敏感靶酶的数量；③叶酸合成过程中的 DHPS（*folP*）和 DHFR（*folA*）基因的自发性染色体突变；④用整合子、质粒和转座子获得替代 DHPS（*sul*）和 DHFR（*dfr*）基因。第一种属于对磺胺类药物和抗菌增效剂的天然耐药性，后三者属于对磺胺类药物和抗菌增效剂的获得耐药性。

（一）天然耐受性

梭状芽孢杆菌在内的细菌 DHFR 对甲氧苄啶亲和力低，因此使它们的宿主对甲氧苄啶具有内在耐药性。肠球菌和乳杆菌能够利用外源叶酸的细菌，对甲氧苄啶和磺胺类药物具有天然的抗性[92]。

（二）获得耐药性

无乳链球菌中的 folCEPBK 基因编码催化 GTP、对氨基苯甲酸盐和谷氨酸生物合成二氢叶酸的不同步骤的酶，扩增含有这些基因的区域导致二氢叶酸生物合成增加，这种浓度的增加可以抵抗磺胺类药物和甲氧苄啶。这种通过基因扩增来抵抗甲氧苄啶和磺胺类药物的机制需要二氢叶酸生物合成途径中涉及的基因的聚集。这种聚集性只在链球菌属以及乳杆菌属中被发现[93]。

编码 DHPS 和 DHFR 的染色体基因突变会使各自突变产物与磺胺类药物和甲氧嘧啶的亲和力降低。编码 DHPS 的 folP 基因保守区域的突变基本上是染色体突变，尽管也报告了其水平基因转移[94]。在对磺胺类药物耐药的空肠弯曲杆菌中，DHPS 上 4 个氨基酸残基的突变被证明对 DHPS 与磺胺类药物的亲和力有显著影响[95]。对甲氧苄啶的耐药可能是编码 DHFR 的 folA 基因突变产生对甲氧苄啶不敏感的 DHFR 的结果[96]。

质粒介导的对磺胺类药物和甲氧苄啶的耐药性分别由 DHPS 和 DHFR 的替代耐药变体引起，具体可见图 4-1。耐药酶取代敏感酶通常会导致高水平的耐药性。DHPS 不受磺胺类药物的抑制[97]。之前已在肠杆菌科中鉴定出 3 个编码耐药 DHPS 的可移动 sul 基因（sul1、sul2 和 sul3），特别是大肠埃希菌和沙门氏菌[98,99]。最近在肠杆菌科中发现第 4 个基因编码耐药 DHPS 的 sul4 基因，类似于早期发现的 3 个 sul 基因[100]。sul1 基因是转座子 Tn21 中 1 类整合子的一部分，转座子常见于接合质粒上。而 sul2 基因通常位于 incQ 不相容组的小质粒上，或位于 pBP1 小质粒上。上述 4 个质粒携带的基因 sul1、sul2、sul3 和 sul4 已被发现与革兰氏阴性菌对磺胺类药物耐药性有关。在对磺胺类药物耐药的革兰氏阴性菌中，sul1 和 sul2 基因出现的频率经常相等。对甲氧苄啶产生耐药是获得水平转移且其产物 DHFR 不受甲氧苄啶抑制的 dfr 基因的结果。在弯曲杆菌中已经描述了导致对甲氧苄啶产生耐药性的 dfr1 和 dfr9 两种不同的基因，这些基因是在转座子或整合子的染色体上发现的[101]。在粪肠球菌中出现了一种额外的对抗生素耐受的 DHFR，这种 DHFR 由获得性、位于染色体上的 dfr 基因表达。质粒编码的抗甲氧苄啶的 DHFR 的基因多数位于革兰氏阴性菌中，有 1 个在金黄色葡萄球菌中得到表征。在金黄色葡萄球菌中 Tn4003 由编码 DHFR 的中心 dfrA 基因组成，导致其与甲氧苄啶的亲和力大大降低。这些基因大多数通过有效整合子机制转移。虽然磺胺类药物的使用减少了，但磺胺类药物耐药性的遗传决定因素仍然非常普遍。磺胺类药物施加的持续的选择压力有助于加速水平基因转移和选择[102]。后来又在各种环境中发现了磺胺类降解菌，表明通过药物灭活存在新的耐药机制。黄素依赖性单加氧酶（SulX）和黄素还原酶（SulR）双组分单加氧酶系统是磺胺类药物初始裂解的关键酶。在大肠杆菌中共表达双组分系统降低了对磺胺甲恶唑的敏感性，表明编码药物灭活酶的基因可能是潜在的耐药决定因素。SulX 和 SulR 都含有携带 *sul*1 的 1 类整合子。这些结果表明磺胺类药物的代谢可能是由在磺胺类药物选择压力下已经获得 1 类整合子的磺胺类耐药菌进化而来。此外，多个插入序列元件和假定的含有 *sulX* 基因簇的复合转座子结构的存在也潜在地动员磺胺类耐药菌的进化。这是首次报道负责磺胺类药物降解和耐药的 *sulX* 基因簇在磺酰类药物降解菌中普遍存在的研究[103]。

考虑到在不久的将来不会有新的抗生素用于兽医，必须尽一切努力保持现有这些抗生素的效力。由于每次使用抗生素都可能选择耐药细菌，我们无法避免耐药性的发展，但我们可以极大地减缓耐药性的发展和传播。

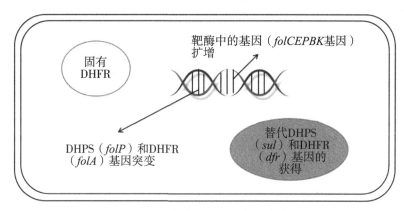

图 4-1　磺胺类药物和甲氧苄啶耐药机制

（灰色的填充框表示的是质粒。）

第二节　喹诺酮类抗生素的耐药机制

一、喹诺酮类药物的介绍

喹诺酮类药物属于人工合成的一类抗菌药物，它的抗菌谱较广、杀菌作用强，且由于其抗菌机理独特而不易和其他抗菌药物产生交叉耐药性，所以在开发之初就得到了较广的应用[104]。最早应用于临床的喹诺酮药物主要是萘啶酸，第二代主要有吡啶酸和动物专用的氟甲喹，前两代主要针对革兰氏阴性杆菌，第三代药物有诺氟沙星以及后期开发的环丙沙星等。细菌的 DNA 旋转酶和拓扑异构酶 IV 两种酶涉及细菌 DNA 合成和转录以及细胞分裂所需的染色体超螺旋形成，对细菌的繁殖生长起到至关重要的作用。DNA 旋转酶组成亚基包含 GyrA 和 GyrB；拓扑异构酶 IV 的亚基组成在不同种类的细菌中是不同的：在革兰氏阴性菌中拓扑异构酶 IV 组成亚基包含 ParC 和 ParE，在革兰氏阳性菌中组成亚基包含 GrlA 和 GrlB。喹诺酮类药物通过选择性地作用于细菌的 DNA 旋转酶和拓扑异构酶 IV 来使核酸合成受阻而发挥杀菌作用。

二、喹诺酮类药物的耐药机制

由于这些药物在兽医临床中的广泛使用，喹诺酮药物耐药菌的数量一直在稳步增长，严重的细菌耐药性正在成为威胁这些药物普遍使用的一个公共卫生问题，在一些临床环境中产生了严重影响[105]。对此类药物比较容易产生抗性的细菌主要有金黄色葡萄球菌以及大肠杆菌等。抗性产生的机制涉及染色体以及质粒介导的耐药性，后者在抗生素耐药性的传播中起着重要作用[106]。主要有以下 3 种机制，包括①改变靶酶以降低其与药物的亲和力；②通过减少药物摄取或增加外排，从而导致药物蓄积减少的染色体突变；③靶位保护蛋白、药物修饰酶的过度表达，以产生获得性外排泵耐药基因（图 4-2）。每种机制相关的细胞变化并不是相互排斥的，可以累积形成非常高水平的喹诺酮耐药的菌株。

（一）靶酶基因的突变

细菌对喹诺酮药物抗性产生最常见的机制是编码 DNA 旋转酶或者拓扑异构酶 IV 的基因（*gyrA*、*gyrB*、*parC* 和 *parE*）发生突变，从而导致酶蛋白结构发生改变，随后使药物和酶的亲和力发生改变，较高水平的耐药菌株通常两种酶均发生突变[107]。但耐药性的大小因喹诺酮类药物和细菌种类的不同而不同。GyrB 和 ParE 亚基的耐药突变频率远低于 GyrA 和 ParC。丝氨酸和酸性残基是导致细菌对喹诺酮产生耐药最常见的单一氨基酸替换，在临床分离株中丝氨酸替换占 90% 以上，其中酸性残基的修饰占大多数。丝氨酸突变频率更高的原因可能是该残基的突变通常对 DNA 旋转酶的催化活性几乎没有影响。大肠杆菌 DNA 旋转酶 GyrA 亚基最常见的突变位点是 Ser83，其次是 Asp87，这两个位点都是喹诺酮类药物结合的关键残基[108]。敏感菌株的野生型菌株的敏感性由两个酶靶标中较敏感的一个决定，所以在喹诺酮类药物的选择压力下，耐药性突变将首先发生在这个更敏感的酶靶标中，因为由于喹诺酮与主要靶标相互作用的主导地位，第 2 个不太敏感的靶标的突变不足以产生耐药性。对喹诺酮药物耐药的肠炎沙门氏菌几乎均携带 GyrA 亚基突变。突变 GyrA 亚基中最常改变的密码子为第 87 个，其次为第 83 个。在 1 株对萘啶酸具有高水平抗性的肠炎沙门氏菌中发现 GyrA 亚基双密码子突变[109]。与其他革兰氏阴性菌需要双重突变才能产生不同耐药性，弯曲杆菌 *gyrA* 基因的一个位点突变就可以产生较高水平的喹诺酮类药物抗性。其中最常见的 *gyrA* 基因突变是喹诺酮耐药决定区中的单核苷酸转换（C-257-T），导致 Thr86Ile 变化，此外，Pro104Ser

突变也会影响喹诺酮药物与 DNA 旋转酶的结合能力[110,111]。金黄色葡萄球菌的 *parC* 基因突变通常发生在 *gyrA* 基因的突变后，通常会导致对喹诺酮类药物的中等水平抗性，此类双突变体对环丙沙星表现出高水平抗性[112]。对左氧氟沙星耐药的无乳链球菌在 ParC 亚基（Ser79Phe）和 GyrA 亚基（Ser81Leu）都有一个氨基酸替换，而在低水平耐左氧氟沙星的无乳链球菌中仅在 ParC 亚基中检测到 Ser79Phe[113]。GyrA 亚基的 Ser83 和 Glu87 位点的单一突变与粪肠球菌菌株中环丙沙星的最小抑菌浓度增加相关。在高水平耐喹诺酮屎肠球菌中发现 *gyrA* 和 *parC* 突变[114]。在乳酸菌中发现了与喹诺酮类药物耐药性相对应的 ParC 亚基中 Ser80Leu 以及 GyrA 亚基中的 Ser83Leu 和 Glu87Asp 氨基酸突变[115]。

（二）减少摄取及增加外排

细菌细胞内的喹诺酮类药物浓度受扩散介导的药物摄取和外排泵介导的外排的调节。喹诺酮类药物为了与细胞质靶标相互作用，必须穿过细菌外膜，通过减少摄取、增加外排或两者结合导致细胞内药物浓度降低的突变可产生对喹诺酮类药物的耐药性。与革兰氏阳性细菌不同，由于革兰氏阴性外膜脂多糖的存在，喹诺酮药物无法扩散到细胞内，而是依赖外膜孔蛋白通道进入细胞。所以孔蛋白丢失、下调的突变将导致喹诺酮类药物向细胞内扩散减少，从而导致对喹诺酮药物耐药性的产生。OmpF、OmpC、OmpD 和 OmpA 等孔蛋白表达的减少或丢失是导致对喹诺酮类药物耐药性增加的原因之一。此外，OmpX 的过度表达被描述为孔蛋白表达的下调，导致 OmpC、OmpD、OmpF 孔蛋白的表达减少，导致对喹诺酮类药物耐药性增加。此外，外膜组织的变化可能也会导致耐药性的产生。喹诺酮类药物已知同时使用孔蛋白和脂类介导的途径进入细菌细胞，所以导致脂多糖结构的突变也会影响细菌对喹诺酮药物的耐药性[116,117]。细菌暴露于喹诺酮类药物可以选择过度表达外排泵的突变体，通常是调节蛋白突变的结果，在革兰氏阳性菌和革兰氏阴性菌中均有外排泵机制。MFS 家族是革兰氏阴性菌中含有的最多的外排系统，底物包括喹诺酮类药物。例如，金黄色葡萄球菌中的 NorA、NorB、NorC、MdeA、LmrS、SdrM 等；单核细胞增生李斯特菌中的 Lde；屎肠球菌中的 EfmA。革兰氏阴性菌中的外排泵大多属于 RND 家族，例如，沙门氏菌中的 AcrAB-TolC 以及空肠弯曲菌中的 CmeABC、CmeDEF。MFS 家族的外排泵例如大肠杆菌中的 EmrAB-TolC 和 MdfA 以及 MATE 家族的外排泵例如大肠杆菌中的 NorE、YdhE 也被证明与革兰氏阴性菌对喹诺酮类药物的耐药性有关[118,119]。一般来说，影响喹诺酮类药物摄取和外排的突变只会导致低水平的耐药，在缺乏额外耐药机制的情况下，通常不会构成主要的临床问题。然而，外排系统的存在有利于其他类型耐药的出现和传播，已被证明对高水平的喹诺酮类耐药发展至关重要[120]。

（三）质粒介导的耐药

质粒介导的喹诺酮药物耐药性在 20 世纪 90 年代末首次被描述，通常仅表现为低水平的耐药性（图4-2）。与靶标所介导的耐药性不同，质粒介导的喹诺酮类耐药性不但可以水平传播也可垂直传播。第一种机制是 *qnrA* 基因在耐环丙沙星肺炎克雷伯菌临床分离株的接合质粒中被描述[121]。到目前为止，已鉴定出约100个 Qnr 变异体，分为6个不同的家族：QnrA、QnrB、QnrS、QnrC、QnrD 和 QnrVC。对喹诺酮药物耐药的肠炎沙门氏菌几乎均携带 *qnrS*1 基因[119]。质粒介导的喹诺酮药物耐药性的第2种机制含有 Trp102Arg 和 Asp179Tyr 两个特定的氨基酸替换。该变体能够乙酰化环丙沙星以及诺氟沙星中的 C7 哌嗪环的未取代氮，通过降低药物活性从而产生喹诺酮耐药性。其他没有这种取代的喹诺酮类药物例如左氧氟沙星不受这种酶的影响。大肠杆菌中存在的由 *aac(6′)-Ib-cr* 基因编码的一种乙酰转移酶变体 AAC(6′)-Ib-cr 是最典型的由质粒所介导的对喹诺酮药物的抗性。虽然 *aac(6′)-Ib-cr* 基因本身产生低水平的抗性，但当与3个或4个染色体突变相结合时，可以诱导出高水平的喹诺酮药物耐药菌株[122]。质粒编码的外排泵 QepA 和 OqxAB 是质粒介导的喹诺酮药物耐药性的第3种机制。QepA 属于 MFS 家族，OqxAB 属于 RND 家族，具有广泛的底物特异性。

尽管质粒介导的喹诺酮药物耐药性的上述机制已经得到了深入的研究，但仍有许多细节例如细菌的代谢调节是否和喹诺酮类药物有关需进一步阐明。

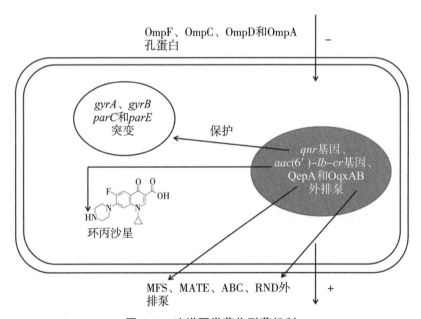

图4-2　喹诺酮类药物耐药机制

（灰色的填充框表示的是质粒；"+"表示促进作用，"-"表示抑制作用。）

第三节 氨基糖苷类抗生素的耐药机制

一、氨基糖苷类抗生素的介绍

氨基糖苷类抗生素是由氨基糖分子和糖原部分组成的抗生素，其中有链霉素、新霉素、大观霉素等。此类抗生素的作用机制是通过抑制细菌蛋白质的合成进而使细菌的生长繁殖受到影响，并且对静止期的细菌杀伤力更强。

二、氨基糖苷类抗生素的耐药机制

（一）耐药基因的存在

生鲜乳中的细菌对氨基糖苷类产生的耐药性原因首先是由于耐药基因的存在。据张月从邢台和张家口地区生鲜乳中分离出的细菌（金黄色葡萄球菌、无乳链球菌、大肠杆菌和绿脓杆菌）耐药性研究，在部分大肠杆菌和绿脓杆菌中检测出与氨基糖苷类耐药相关的耐药基因有：$aph(3)-Ib(strA)$、$aph(6')-Id(strB)$、$aac(3')-lla$、$aac(6')-Ib$、$aph(3')-Iia$ 和 $ant(3')-Ia(aadA)$。在检测到的 84 株大肠杆菌中，耐药表型与基因型的符合率基本趋于一致：4 种氨基糖苷类抗生素（链霉素、卡那霉素、庆大霉素、阿米卡星）的耐药菌株占总数的 25.59%，其对应 6 种耐药基因的阳性检出率平均为 23.41%，即耐药表型与基因型之间的符合率为 91.48%；同样的，分离出的 17 株绿脓杆菌对于氨基糖苷类抗生素的耐药表型与基因型的相符率为 62.85%。链霉素对分离出的生鲜乳细菌几乎无效，导致这种情况的主要原因是该地区将链霉素作为治疗乳腺炎的首选药物，并且长期用于干乳药，促进了链霉素的长久泛滥使用[123]。在调查从中国鲜奶吧（Fresh Milk Bar, FMB）采集的 205 份巴氏杀菌牛奶样品时，分离出的 4 株大肠杆菌显示出对阿米卡星（100%）、链霉素（50%）和四环素（50%）的抗性，检测出的相关抗性基因包括：$aac(3)-Ⅲ$（75%）、aad（25%）、$aac(3)-Ⅱ$（25%）和 $catI$（25%）；7 株金黄色葡萄球菌主要对卡那霉素（57.1%）、庆大霉素（57.1%）和阿米卡星（57.1%）耐药，检测出的相关抗性基因有：$ermB$（14.3%）和 $ermC$（14.3%）；链球菌主要对四环素耐药（66.7%），并包含耐药基因 $tetM$。同时作者发现耐药表型与基因型并不完全一致。例如，大肠杆菌分离株对氯霉素具有抗药性，但并未检测出 $catI$ 或 $qnrB$ 抗性基因，但是大肠杆菌分离株都显示对喹诺酮类药物敏感[124]。对于这一发现，有研究者解释是细菌耐药性的内在机制可能在表型耐药性中起主要作用，而不是通过遗传获得[125]。$rpsL$ 基因含有导致链霉素耐药的真正突变。携带 $K43R$（Lys43Arg）和 $K88R$（Lys88Arg）突变的耐药菌株，均在文献中广泛报告为耐药标志物。在这些分离株中，从得克萨斯州奶牛中采集了5株菌株，所有这5个分离株均具有密切的遗传相关性，并且可能属于相同的传播网络[126]。关于链霉素和氨基糖苷类同时耐药的双突变菌株SRR7236341，这被认为可能是罕见的，这种双突变体可能是由Reeves等提出的机制产生的，主要是由于whiB7非翻译区的突变[127]。

（二）耐药酶的产生

对100株从奶粉、动物中分离出的鲍氏不动杆菌进行耐药性及耐药基因进行分析时，发现19%（19/100）的分离株对阿米卡星产生了耐药性。检测到5种氨基糖苷类修饰酶（Aminoglycoside modifying enzymes，AMEs）基因。内源性氨基糖苷类核苷酸转移酶的新亚类ANT(3″)-lla的检出率高达100%，其次是存在于9个菌株（9%）中的编码内在氨基糖苷类核苷酸转移酶的 aadA 和 aadA1 基因，以及存在于1个菌株中的 aadA2 基因[128]。鲍曼不动杆菌对氨基糖苷类的耐药性也主要由酶来介导，AMEs对氨基糖苷类进行化学修饰。目前已经发现4个氨基糖苷类核苷酸转移酶（NUT）和1个乙酰转移酶（ACT）基因。肠球菌是感染人类的一个重要病原体，并且在兽医学中被认为是环境性乳腺炎的重要病原体之一[129]。尽管青霉素或糖肽与氨基糖苷类的协同组合已用于治疗此类感染，但肠球菌很容易获得编码各种AMEs的氨基糖苷类抗性基因。这些获得的基因导致肠球菌对氨基糖苷类药物的高抗性[130]。值得特别注意的是，对氨基糖苷类的高水平抗性可能降低市售氨基糖苷类和细胞壁抑制剂（如β-内酰胺或糖肽）之间的协同药效。Kang等研究发现，69.7%的高水平耐氨基糖苷类肠球菌显示出多重耐药性（Multiple drug resistance，MDR）。所有的肠球菌通过限制药物的摄取而对所有的氨基糖苷类具有内在的低水平耐药性，并且这种耐药性来源于它们的兼性厌氧代谢[131]。然而，编码不同AMES的基因获得了对肠球菌氨基糖苷类的高水平耐药性。因此，它消除了氨基糖苷类与细胞壁合成抑制剂的协同作用[132]。 aac(6′)le-aph(2″)-la 和 ant(6)-la 基因的组合在生鲜乳分离株中显著流行（$P<0.05$）。 ant(6′)-la 基因负责编码 ant 酶（O-腺苷酸转移酶），该酶催化羟基的ATP依赖性腺苷酸化，并对链霉素产生耐药性，而对其他氨基糖苷类无交叉耐药性[133]。相反， aac(6′)le-aph(2″)-la 编码双功能酶 aac（N-乙酰转移酶）和 aph（O-磷酸转移酶），这两种酶负责对除链霉素和大观霉素以外的所有类型的氨基糖苷类产生耐药性[134]。

（三）外排泵的产生

抗生素外排引起的耐药性由13个抗药小结分裂区（Resistance nodulation division，RND）家族抗生素外排泵编码基因（ adeABC 、 adeFGH 、 adeIJK 、 adeLN 和 adeRS ）介导。100%的鲍曼不动杆菌中至少存在5个RND基因，99%的菌株中存在另外4个RND基因。RND外排泵基因和抗菌药物耐药性在鲍曼不动杆菌中的作用已有大量文献报道，产生临床必需抗生素耐药性的RND基因属于鲍曼不动杆菌中的 MDR 菌株。RND 蛋白在原核和真核细胞中均有发现。它们是次级转运蛋白，通过将抗生素从细胞中泵出而介导耐药性。Wareth 等研究发现了一个由 *abe*M 基因编码的多药和毒性化合物外排转运蛋白（Multidruy and toxic extrusion transporters，MATE），该基因编码的蛋白质利用跨膜阳离子梯度作为能量来源，从细胞中泵出抗菌药物。小多重耐药性家族（Small multidrug resistance family，SMR）基因 *abe*S 仅限于原核细胞，外排泵易化子超家族（Major facilitator superfamily，MFS）基因 *tet*C 分别见于 100% 和 1% 的分离株。外排泵有助于细菌在高浓度抗生素存在下存活，但也可能产生抗菌剂耐药性，并在 AMR 鲍曼不动杆菌的生长中发挥重要作用[128]。

细菌外排泵分为一级（由 ATP 水解驱动）和二级（由质子动力驱动），共有 5 个主要超家族，除非抗生素化合物（如染料、杀菌剂或金属）外，还可以捕获和挤出许多结构不同的抗生素，抗生素可涉及所有这些主要家族。在革兰氏阴性菌中，MDR 表型主要由 RND 外排系统赋予，有助于假单胞菌的固有耐药性[135]，如绿脓杆菌的 MexAB-OprM 和 AcrAB-TolC[136]、荧光假单胞菌的 EmhABC[137] 和恶臭假单胞菌的 TtgABC[138]。至于膜、流动性和成分（脂肪酸和蛋白质成分，包括 RND 外排泵）可能会受到物理和化学应力的影响。研究人员已经报道了在不同温度下生长或受到各种环境压力的细菌耐药变化[139,140]。其中，EmhABC 是一种 RND 型外排泵，参与了荧光假单胞菌 cLP6a 对疏水性抗生素（即氨基糖苷类）的排出。能够根据生长温度改变氨基糖苷类药物的排出速率，特别是在低温（10℃）生长的 cLP6a 对药物的排出量要显著高于高温条件下（28℃、35℃）生长的 cLP6a[137]。这些结果表明，即使没有抗生素的选择压力，抗生素外排系统也可能参与适应低温的机制[135]。细菌外排泵已经发展成为革兰氏阳性菌和革兰氏阴性菌（尤其是革兰氏阴性菌）的保护机制，通过主动泵出溶质、代谢物、群体感应分子和毒素（尤其是抗菌化合物）来维持细胞内稳态和交流。它们可能对抗生素具有特异性。然而，它们中的大多数是多药转运蛋白，能够输送各种不相关的抗生素，如大环内酯类和四环素，因此对耐多药细菌有显著贡献。

（四）可移动遗传原件介导的耐药

此外，Hegstad 等报道了肠球菌都具有一个共同特点，即通过质粒或转座子编码的抗性基因容易转移 DNA。因此，这些质粒或转座子转移到其他细菌的能力导致耐药基因在各种细菌之间传播，最终导致 MDR[141]。

生鲜乳中分离菌经常显示出对抗生素的共耐药现象。Tahar 等对从奶样分离株进行耐药性分析，发现 100%、43.7% 和 50% 对 β-内酰胺类耐药的大肠埃希菌分离株也分别被鉴定为四环素抗性基因（Tetracycline resistance gene，TRG）、喹诺酮抗性基因（Quinolone resistance gene，QNR）和 AME 基因产生菌[142]。此外，四环素、喹诺酮和氨基糖苷类耐药基因经常与 MDR 大肠埃希菌的 β-内酰胺类耐药基因一起被发现[143]，这支持了大肠埃希菌中编码β-内酰胺类、四环素类、喹诺酮类和氨基糖苷类的基因通常位于相同的可移动遗传元件上的观点[144]，如重组质粒。Tahar 等的研究还强调了奶牛原料奶作为 MDR 大肠杆菌或质粒编码的抗生素耐药基因储存库的潜在作用，这些基因可能转移到人类、动物和农场环境中[142]。

单核细胞增生李斯特菌的抗生素耐药性主要是由不同的遗传机制引起的，如自我转移质粒、可移动质粒和结合转座子。然而，也有报告称外排泵与单核细胞增生李斯特菌的抗生素耐药性有关[145]。已证实细菌种属间，特别是肠球菌和链球菌从单核细胞增生李斯特菌传播给金黄色葡萄球菌，从大肠埃希氏菌传播给金黄色葡萄球菌和单核细胞增生李斯特菌，代表了单核细胞增生李斯特菌耐药基因的储存库。耐药机制是通过使用其 DNA 提供的指令来完成的。抗性基因通常存在于质粒中，即携带遗传指令的一个个小片段 DNA。因此，抗生素耐药基因在细菌间的可转移性使抗生素耐药菌进一步传播[146]。外排泵是在革兰氏阳性和革兰氏阴性细菌中发现的膜蛋白，它们参与从细胞内部到外部环境的细胞"解毒"，包括抗生素[147]：它们从细胞中泵出抗生素，维持开始药物在细胞内的低浓度状态，并且决定天然和获得性耐药性[148]。外排泵被认为是造成微生物形成生物膜产生耐药性的机制之一，如单核细胞增生李斯特菌、铜绿假单胞杆菌、大肠杆菌和白念珠菌[149]。接合是通过直接在细胞到细胞或通过两个细胞之间的桥状连接在细菌细胞之间转移遗传物质的过程，它发生在遗传物质从供体菌转移到受体菌时，如链霉素抗性单核细胞增生李斯特菌 LM35（供体）和链霉素敏感单核细胞增生李斯特菌 LM65 和 LM100（两个受体菌株）[150]。

总体而言，研究表明耐药菌株不一定携带产生耐药性的基因，这可能表明此类分离株中存在其他耐药机制[151]。

第四节　四环素类抗生素的耐药机制

一、四环素类抗生素的介绍

四环素类抗生素均具有共同多环并四苯羧基酰胺母核，只是取代基有所不同。它对大部分微生物均具有作用，被称为广谱抗生素，主要有金霉素、土霉素、四环素等。四环素类通过优先结合 30S 核糖体亚基并与高度保守的 16S rRNA 靶标相互作用，阻止氨酰-tRNA 与核糖体受体位点结合，从而阻止细菌蛋白质合成，从而发挥其抑菌活性[152]。

二、四环素类抗生素的耐药机制

四环素耐药性与多种机制相关，如能量依赖性外排、存在核糖体保护蛋白、

16S rRNA 编码基因突变（所谓的 *rrs* 基因）和药物的酶失活[153]。

（一）抗性基因的存在

四环素抗性基因在乳酸杆菌属中是最常见和研究最多的[154]基因，四环素耐药决定因素有几种，有时会联合作用。在布氏乳杆菌中鉴定出四环素外排基因 *tetK*[155]，在瑞士乳杆菌中鉴定出 *tetW* 基因[156]，而 *tetM* 基因存在于几种乳酸杆菌中[157]。值得强调的是，*tetM* 基因可能会发生转移，因为 Devirgilis 等在副干酪乳杆菌内的 Tn916 转座子中检测出该基因[158]。Tn916 转座子最初是在粪肠球菌菌株中检测到的结合元件，但根据 Morandi 等的建议，其转移也可能通过其他移动元件实现[159]。为了证实这一点，Yang 和 Yu 分别从德式乳杆菌亚种菌株中成功地转移了 *tetM* 和 *tetS* 基因[160]。有研究指出奶制品中 *tetM* 和 *tetS* 基因的较高传播可能与四环素经常用于治疗子宫炎有关[161]。此外，来自乳酸乳杆菌 K214 的多重耐药质粒 pK214 也成功转化到变形链球菌[162]。关于其他四环素抗性决定因素，Zarzecka 等研究发现 *tetK*、*tetW* 和 *tetO* 存在于不同的乳酸乳杆菌中[163]。

（二）外排泵的产生

在目前的研究中发现了许多与四环素耐药有关的外排泵，包括 MATE、SMR、RND 和 MFS。从奶粉中分离出的鲍氏不动杆菌检测出多种外排泵基因，其中 RND（*adeFGH*、*adeIJK* 和 *adeL*）、MATE（*abeM*）和 SMR（*abeS*）最常见，见于 99% ~ 100% 的分离株。RND（*adeN*、*adeR*、*adeS* 和 *adeAB*）分别见于 97%、76%、71% 和 66% 的菌株。MFS 转运体家族的 *tetC* 基因和 RND 的 *adeC* 基因是丰度最低的基因，仅分别在 1 株和 22 株分离株中发现[128]。TetA 是革兰氏阴性菌中最常出现的四环素耐药决定簇。虽然不存在四环素外排泵的结构，但第 1 组外排泵（如 TetA）与次级活性转运蛋白的 MFS 具有高度同源性，这意味着细胞膜拓扑结构和细胞膜内的结构"由内向外"作用机制相似（图 4-3A）。这种外排蛋白在浓度梯度上交换四环素分子的质子（H^+）。在许多情况下，存在与抗生素耐药基因表达相关的适应性成本，因此许多细菌使用翻译衰减、转录衰减和翻译偶联调节耐药基因的表达。用于调节 *tet* 耐药基因的另一种机制是 *tet* 抑制蛋白（TetR）的阴性对照。在不存在四环素的情况下，TetR 作为同源二聚体与两个串联定向的 *tet* 操纵子结合，以阻断外排泵的转录（图 4-3B），如在 TetR-DNA 复合物结构中观察到的（图 4-3C）[164]。然而，在四环素存在的情况下，药物与 TetR 结合，TetR 与 *tet* 操纵子解离，从而诱导 TetA 外排泵的转录和表达（图 4-3B）。然而，在四环素存在的情况下，药物与 TetR 结合，TetR 与 *tet* 操纵子解离，从而诱导 TetA 外排泵的转录和表达（图 4-3B）。在某些情况下，*tetR* 基因也直接在外排泵前编码，因此只有当细胞中四环素量不足时，*tetR* 基因才会与 *tet* 操纵子再结合，并重新阻断其自身基因和下游外排泵基因的转录。四环素与 TetR 同源二聚体复合物的晶体结构显示，四环素与 C 末端效应结合结构域结合，并诱导 TetR 的 N 末端螺旋-转角-螺旋 DNA

结合结构域发生构象变化。构象变化导致 DNA 结合结构域的分离增加，从而排除了与 DNA 的 *tet* 操纵子序列的相互作用（图 4-3D）[164]。尽管甘氨酰环素（如替加环素）可与 TetR 的 C 末端效应物结合结构域结合，但这种相互作用仅诱导 DNA 结合结构域发生有限的构象变化（图 4-3E）。与四环素相比，替加环素存在时药物与 TetR 结合，诱导 TetA 表达减少 5 倍[165]。

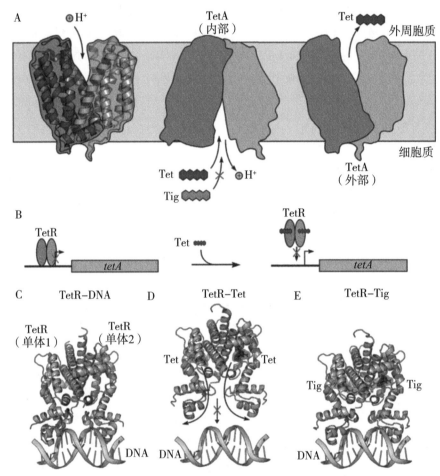

图 4-3　TetR 介导的四环素耐药性 TetA 外排泵调节[152]

（A）外排泵 TetA 的作用机制示意，说明四环素（而非替加环素）的外排与质子转运偶联。TetA 外排泵的同源模型由 HHPred 基于与大肠埃希菌（PDB ID 2WDO）的质子驱动的 MFS 转运蛋白 YajR 同源形成。（B）TetR 介导的 TetA 调控示意，说明四环素与 TetR 同源二聚体结合导致 TetA 基因转录的激活。（C-E）TetR 同源二聚体与（C）DNA、（D）四环素和（E）替加环素[164]复合物的结构。在（D）中，四环素与 C-末端效应结构域的结合诱导 DNA 结合结构域（箭头）的构象变化，导致与 DNA 的相互作用丧失。

（三）靶点的突变

与药物结合的抗生素靶点的自然突变或获得性突变是常见的耐药机制。靶点的变化通常是由于细菌染色体上基因的自发突变引起的。细菌耐药性总是由细菌表面的分子变化引起的，其改变了特定药物－靶标相互作用的性质[166]。由于抗生素与靶点的相互作用通常具有特异性，因此靶点的微小改变就会对抗生素结合产生重要影响。当抗生素被设计用来挑选和破坏细菌的特定部分时，耐药细菌可能改变其目标的外观，使抗生素无法识别和破坏它们，从而使得细菌得以存活。因此，改变抗生素结合和作用的靶点是细菌对抗生素产生耐药性的另一种机制[167]。四环素修饰酶机制的证据首先被描述为由大肠杆菌中表达的拟杆菌属质粒编码的活性[168]。这种活性随后被表征为一种依赖黄素的单加氧酶，由扩展的 *tetX* 直系同源物家族编码，能够通过在位于 C 和 B 环之间的 C-11a 位置上添加一个羟基来共价灭活所有四环素核心结构[169]。

　　与 rRNA 基因不同，编码核糖体蛋白的基因是单拷贝的，这些基因的突变会赋予抗生素耐药性。在革兰氏阳性菌枯草芽孢杆菌、屎肠球菌、粪肠球菌和金黄色葡萄球菌、革兰氏阴性肺炎克雷伯菌的临床分离株以及大肠杆菌和鲍曼不动杆菌的体外研究中，*rpsJ* 基因突变（编码 30S 核糖体亚基蛋白 S10 中残基 53-60 的变化或缺失）与四环素或替加环素耐药性相关[170,171]。编码核糖体蛋白 S3 中 Lys4Arg 和 His175Asp 变异的 *rpsC* 基因突变与肺炎链球菌中替加环素敏感性降低相关[172]。

（四）核糖体保护蛋白的产生

　　四环素核糖体保护蛋白（Ribosome-protecting protein，RPP）最初在空肠弯曲杆菌和链球菌属中被发现，是与延伸因子 EF-G 和 EF-Tu 具有显著序列和结构相似性的 GTP 酶，目前有 12 个报告的核糖体保护基因。这些基因通过可移动遗传元件上的细菌种群传播，其中许多基因在革兰氏阴性和革兰氏阳性细菌中都存在。最常见的 RPP 是 Tet(O)和 Tet(M)，他们具有 75% 的序列同源性。这些蛋白质催化核糖体中四环素的 GTP 依赖性释放[173]。低温电子显微镜结构研究表明，RPPs 与 EF-G 竞争重叠结合位点，并且认为 RPPs 通过直接干扰四环素 D 环和 16S rRNA 碱基 C1054 的堆叠相互作用将四环素与其结合位点解离[174]。RPP 机制赋予对四环素、米诺环素和强力霉素的抗性；然而，在 D 环 C-9 位含有侧链的其他四环素类药物，如替加环素类和其他甘氨酰环素类、依拉环素类和其他氟环素类以及奥马环素，在 RPPs 存在下通常保留翻译抑制和抗菌活性。与四环素相比，替加环素中 C-9 位的 9-叔丁基甘氨酰氨基部分分别提高了 100 倍和 20 倍的结合亲和力和翻译抑制活性。尽管较早的报道显示替加环素对 RPP 机制具有相对抵抗力，但 Beabout 等的一项研究将 Tn916 相关的本构过表达和增加的 *tetM* 拷贝数与粪肠球菌中的替加环素抗性联系起来[175]。羊乳腺炎样品中分离出的乳房链球菌对四环素耐药的分离株中，*tetM* 基因占优势，表明耐药机制主要是通过核糖体的保护介导的，而不是通过外排泵[176]。并且 *tetM* 基因可以通过结合转座子轻松转移，如 Tn916/1545 和 Tn5397 家族[177]。

（五）可移动遗传原件介导的耐药

已证明四环素耐药性与弯曲杆菌中的传播质粒相关[178]。Blake 等发现四环素暴露影响通用大肠杆菌中四环素耐药基因的携带，这些四环素标记参与外排，而不是核糖体保护[179]。已经证明，相同遗传决定因素的表型表达不同的原因可能是由于拷贝数变异，质粒内的基因或特定弯曲杆菌分离株内的质粒拷贝数[180]。与 *tetO* 相邻的 DNA 突变已被证明会影响对四环素的耐药水平，导致表达不同的 MIC。在携带 *tetO* 的分离株中，*tetO* 上游的一个序列是完全表达四环素耐药性所必需的[181]，并且似乎也是调节性的。

食品中单核细胞增生李斯特菌分离株的四环素抗性转移的研究表明[182]，单核细胞增生李斯特菌 266 和 286 染色体和无害李斯特菌 52P 通过结合转移了对依氏利斯特菌的四环素耐药，而只有单核细胞增生李斯特菌和无害李斯特菌 52P 转移了对粪肠球菌的耐药。细菌的基因组由染色体及其附属的可移动元件如转座子和质粒组成。在这个转移过程中，遗传物质可以从一个细胞转移到另一个细胞，如质粒对红氯霉素、大环内酯类抗生素耐药的无乳链球菌和红霉素耐药的肠球菌均可转移到单核细胞增生李斯特菌。在动物胃肠道和食品加工厂中，单核细胞增生李斯特菌可与携带编码抗生素抗性质粒的肠球菌属和葡萄球菌属结合。另外，一些昆虫（如蟑螂）的肠道被认为是一种有效的体内模型，用于在细菌之间自然转移抗生素耐药质粒，在结合介导的遗传交换中发挥着至关重要的作用。关于这一点，一项研究评估了大肠杆菌和其他同族生物在牛唇鱼肠道内结合介导的耐药基因的水平转移，发现昆虫允许细菌间的抗菌药物耐药质粒交换，这可能意味着牛唇鱼可能是在不同环境中传播抗生素抗性细菌的潜在宿主[183]。

第五节　酰胺醇类抗生素的耐药机制

一、酰胺醇类抗生素的介绍

酰胺醇类抗生素包括氯霉素、氟苯尼考等，属于广谱抗生素。它主要作用于细菌核糖体的 50S 亚基，抑制肽酰基转移酶的活性，从而阻碍细菌的蛋白质合成，达到抑制细菌生长繁殖的目的。

二、酰胺醇类抗生素的耐药机制

细菌中的氯霉素耐药机制包括膜通透性降低、23S rRNA 突变和 CATs 表达增加[184]。然而，氯霉素失活的另一种机制是由于外排泵受翻译衰减的调节。因为外排泵可以通过去除毒素或抗菌剂来改善内部环境[185]，所以，氯霉素的流出可以同时赋予对这种抗菌剂以及其他抗菌剂的耐药性。

（一）产生灭活酶

如前所述，最常遇到的耐药机制是通过 CATs 乙酰化氯霉素进行酶失活，CATs 由 *catA* 和 *catB* 基因编码，广泛存在于革兰氏阳性菌和革兰氏阴性菌中[186]。虽然 *catB* 基因已在革兰氏阴性菌中发现，但 *catA* 基因常见于革兰氏阳性菌。Jamet 等报道法国奶酪 20 株耐氯霉素粪肠球菌分离株中有 16 株（80%）携 *catA* 基因[187]。Hummel 等还报道，他们研究中从牛奶、乳清和奶酪中分离出的所有耐氯霉素粪肠球菌均携带 *catA* 基因[188]。但 Bae 等的研究中仅 36.5% 的氯霉素耐药粪肠球菌携带 *catA* 基因，表明还有其他 MDR 相关机制，如外排泵可能参与氯霉素对粪肠球菌的耐药[189]。

负责氯霉素抗性的 *cat* 基因通常位于与乳酸杆菌相关的质粒上[190]，尽管 Abriouel 等通过计算机基因组分析寻找该 AR 决定簇，发现从奶制品中分离的植物乳杆菌和发酵乳杆菌染色体上存在 *cat* 基因[191]。此外，Abriouel 等还分析了这种耐药特征的序列，得出的结论是 *cat* 基因似乎不能在乳酸杆菌和其他细菌之间水平传播，因为在染色体和质粒编码的 *cat* 基因之间没有检测到同源性[192]。

（二）靶点基因的突变

此外，氯霉素耐药性可能是通过 23S rRNA 中的突变改变细胞中氯霉素的结合位点引起的，该突变由苯酚耐药基因 *cfr* 促进，*cfr* 基因也被称为 MDR 基因[193]。*cfr* 基因作为质粒携带的多重耐药基因中的一员，它编码的 Cfr 蛋白（即 rRNA 甲基转移酶）的作用位点主要是 23S rRNA 的核苷酸 A2503 位和 C2498 位（图 4-4）[194]。

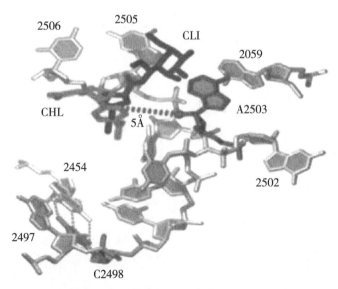

图 4-4　氯霉素和克林霉素结合位点附近核酸的 X 射线结构

第六节　β-内酰胺类抗生素耐药机制

一、β-内酰胺类抗生素的介绍

细菌细胞壁是一种弹性大分子，主要结构成分是肽聚糖，由交替的 N-乙酰葡萄糖胺和 N-乙酰胞壁酸组成，与肽链呈交联键，这些交联肽链的组成在每种细菌中都不同[195]。β-内酰胺类抗生素（β- lactam antibiotics）是含有四元内酰胺环的一类抗生素，兽医临床中常使用青霉素类、头孢菌素类，人类临床中还会使用碳青霉烯类[196]。β-内酰胺类抗生素杀菌机制主要是与青霉素结合蛋白（PBPs）共价结合而中断细菌细胞壁的形成。每个细菌物种都有自己独特的一组 PBPs，每个物种的范围可以包括 3~8 种酶。青霉素对细菌肽聚糖转肽的抑制作用主要是因为青霉素的结构类似于新生肽聚糖的 D-Ala-D-Ala 二肽。现已知这种机制涉及青霉素或另一种 β-内酰胺与所有功能性 PBPs 中发现的丝氨酸活性位点结合，从而阻碍肽聚糖在细胞壁合成中的交联[197]。β-内酰胺类抗生素对革兰氏阳性菌和革兰氏阴性菌耐药机制有所不同。在革兰氏阳性菌中，β-内酰胺类药物耐药性主要由于 PBPs 的改变而发生，酶降解是次要途径。革兰氏阴性菌对 β-内酰胺类耐药可通过 PBPs 的改变、β-内酰胺酶的产生和靶向 PBPs 的获取受限等机制产生[198]（图 4-5）。革兰氏阴性菌的 PBPs 位于周质间隙中，β-内酰胺类抗生素必须穿过细菌外膜才能到达其作用靶位点。因此，任何限制 β-内酰胺类抗生素进入（孔蛋白丢失）或被排出（外排泵）的调节都将产生抗生素耐药性，如果这些药物具有相同的通道，则可能对多种药物产生交叉耐药性，这种耐药机制是革兰氏阴性菌所特有的[199]。

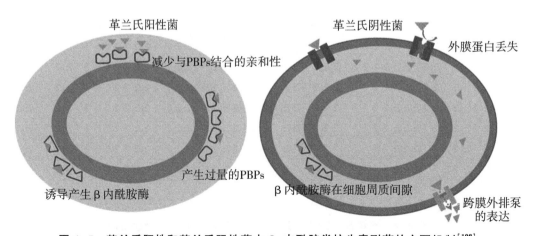

图 4-5　革兰氏阳性和革兰氏阴性菌中 β-内酰胺类抗生素耐药的主要机制[198]

二、β-内酰胺类抗生素的耐药机制

（一）产生 β-内酰胺酶

β-内酰胺酶可以通过质粒介导或染色体编码而产生，其与 PBPs 结合并进行酰化破坏了 β-内酰胺环而导致抗生素失活[200]。基于序列信息的 Ambler 系统可以将 β-内酰胺酶分为 4 个不同的类别，称为 A、B、C 和 D。此分类方法根据特定的序列基序进行鉴定，但也通过水解机制的基本差异来区分。进一步的基本划分是活性位点丝氨酸酶（丝氨酸 β-内酰胺酶；SBL）的 3 类（A、C 和 D）和包含异质锌金属酶（金属 β-内酰胺酶；MBL）的 B 类[201]。SBLs 与 PBPs 共享一个不变的 Ser-Xaa-Xaa-Lys 基序，使用这种丝氨酸作为反应亲核试剂并通过共价酰基酶中间体水解 β-内酰胺，MBLs 则利用金属活化的亲核水剂来驱动水解反应。基于底物特异性，可分为 4 类 β-内酰胺酶：青霉素酶、AmpC 型头孢菌素酶、超广谱 β-内酰胺酶（ESBL）和碳青霉烯酶[202]（表 4-1）。其中 ESBLs 是一组对氧亚胺类头孢菌素类和单环胺类产生耐药的酶，但对头孢菌素类或碳青霉烯类不耐药[203]。ESBLs 包括 SHV 型、TEM 型、CTX-M 型和 OXA 型，都可以被经典的 β-内酰胺酶抑制剂所抑制[204]。第一批 TEM 衍生和 SHV 衍生的 ESBL 现在已被 CTX-M 家族的 β-内酰胺酶取代，blaCTX-M-15 成为全球分布最广泛的 ESBL[205]。

表 4-1 β-内酰胺酶的分类[206]

类别	分类	β-内酰胺酶	重要例子	重要表型耐药性状
丝氨酸 β-内酰胺酶	A	超广谱 β-内酰胺酶（ESBLs）	TEM-1，TEM-2 SHV-1，SHV-11	氨苄西林、头孢洛汀
		ESBL TEM 型	TEM-3，TEM-52	
		ESBL SHV 型	SHV-5，SHV-12	青霉素类，第 3 代头孢菌素类
		ESBL CTX-M 型	CTX-M-1，CTX-M-15	
	C	碳青霉烯酶	KPC，GES，SME	全部 β-内酰胺类
		AmpC 酶（染色体编码）	AmpC	头孢菌素（头孢西丁），第 3 代头孢菌素类
		AmpC 酶（质粒编码）	CMY，DHA，MOX，FOX，ACC	头孢菌素（头孢西丁），第 3 代头孢菌素类
	D	超广谱 β-内酰胺酶（ESBLs）	OXA-1，OXA-9	苯唑西林、氨苄西林、头孢菌素
		ESBL OXA 型	OXA-2，OXA-10	青霉素类，第 3 代头孢菌素类
		碳青霉烯酶	OXA-48，OXA-23，-24，-58	氨苄西林、亚胺培南；全部 β-内酰胺类
金属 β-内酰胺酶	B	金属内酰胺酶（碳青霉烯类酶）	VIM，IMP	全部 β-内酰胺类

ESBLs 是肠杆菌科中最具影响力的头孢菌素耐药机制，特别是在大肠杆菌和肺炎克雷伯氏菌中。ESBLs 基因在动物大肠杆菌中的播散主要是由水平基因转移驱动的。通常与几种插入序列（ISs）相关，如 ISEcp1、ISCR1、IS26、IS10，转座子如 Tn2、整合子等[207]。大多数 ESBLs 基因位于可传播的质粒上，这些质粒经常将耐药性共同转移到其他类别的抗生素。在大肠杆菌携带 ESBLs 的质粒中鉴定出的最普遍的复制子类型是 IncF、IncI1、IncN、IncHI1 和 IncHI2，但其他复制子类型的质粒也在 ESBLs 基因的播散中发挥作用。ESBLs 基因 blaCTX-M-1 属于 IncN 或 IncI1 家族的质粒；blaCTX-M-14 属于 IncK 质粒；blaCTX-M-15 属于 IncF 质粒家族[208]。除 ESBLs 基因外，一些质粒还携带其他耐药基因，当使用相应的抗菌药物时，即使没有 β-内酰胺类的选择压力，也可能促进携带 ESBLs 基因质粒的共选和持续存在[209]。尽管 ESBLs 酶是大肠杆菌对广谱头孢菌素获得性耐药的最常见来源，但 AmpC 酶也可对这些抗菌药物产生高水平耐药性。AmpC 酶能水解第一代、第二代、第三代头孢菌素及单酰胺类抗生素，且不被现有酶抑制剂所抑制。在大肠杆菌中，通过上调染色体 AmpC 基因或通过获得无调控基因的质粒携带的 AmpC 基因，也可对头孢菌素产生高水平耐药[206]。质粒编码主要的 AmpC 酶为 CMY、DHA-和 ACC 型 β-内酰胺酶[210]。全球 CMY 型的流行率较高，在动物中大多数已鉴别的 AmpC 酶为 CMY 型。

碳青霉烯类是 β-内酰胺类抗菌药物，已证实对由 ESBLs 细菌引起的严重感染有效[211]。在动物大肠杆菌中分离发现的第一个碳青霉烯酶决定簇是 VIM-1，随后其他碳青霉烯酶如 NDM-1 和 NDM-5 也相继在动物中被发现[207]。碳青霉烯类耐药肠杆菌（CRE）曾被认为罕见，但截至 2013 年已被标记为紧急健康威胁。碳青霉烯类抗生素耐药性主要与产生的金属 β-内酰胺酶和非金属 β-内酰胺酶有关。金属 β-内酰胺酶水解活性较强、抗菌谱广，并且不受 β-内酰胺酶抑制剂的抑制[198]。相反，非金属 β-内酰胺酶通常是 A 类碳青霉烯酶和 D 类 OXA 型碳青霉烯，他们的水解活性较弱[212]。对碳青霉烯类抗生素产生耐药性的关键因素是产生碳青霉烯酶，即水解酶。它通常位于周质空间内，通过水解使碳青霉烯失活[213]。由于产生碳青霉烯酶的肠杆菌科细菌在动物中的出现是微乎其微的，因此它不会对人类医学产生重大威胁，且与质粒传播的 β-内酰胺酶基因相比，其耐药性传播的风险较低。

甲氧西林敏感金黄色葡萄球菌（MSSA）主要通过 β-内酰胺酶对 β-内酰胺类抗生素产生耐药性。BlaZ 结构基因编码 A 类丝氨酸 β-内酰胺酶，该基因受 DNA 结合蛋白 BlaI 和信号转导子 BlaR1 调节[214]。在不存在 β-内酰胺类抗生素的情况下，BlaI 的同源二聚体与 BlaZ 和 BlaR1-BlaI 的操纵子区域结合抑制其转录。在 β-内酰胺类的存在下，BlaR1 的胞外感受器结构域（BlaRS）被酰化，导致其锌-蛋白酶结构域在该跨膜蛋白的内膜-细胞质界面处激活。活化的 BlaR1 会降解 BlaI，使

BlaI 基因的缺失。如果没有 BlaI 与操纵子位点结合，BlaZ 和 BlaR1-BlaI 的转录都可以开始 β-内酰胺酶的合成[215]。BlaR1 最终裂解脱离胞外感受器结构域（图 4-6）。

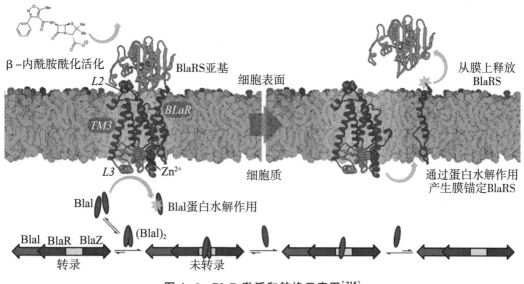

图 4-6 BlaR 激活和转换示意图[215]

（二）改变青霉素结合蛋白（PBPs）

青霉素结合蛋白（Penicillin binding proteins，PBPs）是能与青霉素共价结合的一类蛋白质，通常包含了转肽酶、羧肽酶和内肽酶[216]。PBPs 是 β-内酰胺类抗生素的靶位点，当 PBPs 数量改变或缺失或者药物与 PBPs 亲合力下降时都会引起菌出现耐药性。革兰氏阳性细菌由于 PBPs 的改变而引起的耐药性较为严重，比如耐甲氧西林金黄色葡萄球菌（MRSA）。在正常情况下，每种细菌都有自己独特的 PBPs，金黄色葡萄球菌含 5 种。PBP1、PBP2 是细菌必需的且与 β-内酰胺类药物亲和性较高。MRSA 中特有一段 30~50 kb 的额外染色体 DNA，即 mec[217]。mec 存在于金黄色葡萄球菌染色体上的 pur-nov-His 基因簇附近，耐药基因 mecA 位于葡萄球菌盒式染色体 SCCmec 中能编码新的青霉素结合蛋白 PBP2a[218]。通过 SCCmec 的水平基因转移摄取已经发展成 MRSA，不仅对甲氧西林耐药，对大多数 β-内酰胺类抗生素耐药。虽然 blaZ 是 MSSA 的对 β-内酰胺类抗生素耐药的主要机制，PBP2a 是 MRSA 的主要耐药机制，但在遗传调控水平上，这两种耐药机制具有深刻的相似性和共性。在 MSSA 中，bla 操纵子编码 3 种蛋白质（BlaZ、BlaR、BlaI）。在 MRSA 中，mec 操纵子编码 3 种蛋白质（PBP2a、MecR、MecI）。bla 操纵子通常存在于质粒或整合转座子上（很少是染色体），而 mec 操纵子最常见于整合转座子上。有些菌株可能同时具有两个操纵子，并且这两种操纵子都存在于移动遗传元件上。这些操纵子的每种蛋白质的主要功能是已知的，BlaI 是 bla 操纵子的抑制蛋白，MecI 是 mec 操纵子的抑制蛋白。BlaR 和 MecR 是 β-内酰胺传感器信号传感器蛋白[219,220]。BlaR 和跨膜蛋白都是具有细胞质结构域和内壁区结构域的跨膜蛋白，它们的内壁区域通过共价化学感知 β-内酰胺类抗生素的存在，并通过膜转导以激活细胞质结构域。因此 BlaI 和 MecI 之间以及 BlaR 和 MecR 存在结构和功能同源性[215]。事实上，大多数临床 MRSA 菌株通过 BlaI 作为两个操纵子的抑制蛋白来控制 PBP2a 的 mecA 基因，意味着 BlaZ 和 PBP2a 的协调表达具有重要意义。

Mec 产生 PBP2a 的具体机制如下：在没有 β-内酰胺类药的情况下，Mec1 阻遏物阻止了 mec 操纵子的转录。在 β-内酰胺类药物存在的情况下，会触发位于 L3 内的 mecR1 的细胞内金属蛋白酶结构域（MPD）的自溶激活。β-内酰胺类药物破坏细胞壁生物合成而造成细胞壁缺损，产生细胞壁碎片，并破坏其与 mec 操纵子的结合，促进其蛋白质降解。由 mec 复合体中的 mecR2 编码的抗阻遏子在 β-内酰胺类药物存在下被转录，生成的蛋白 mecR2 也与 mecI 结合，导致其蛋白质降解。MecI 的降解导致 mecA 转录、PBP2a 的产生和甲氧西林耐药性的表达[221]（图 4-7）。Bla 产生 PBP2a 的机制，当 blaR1 与 β-内酰胺类抗生素结合时，它会将信号转导至 mecA 结合的 blaI 启动子，转录 mecA 基因并产生 PBP2a[222]。PBP2a 的活性位点丝氨酸位于 β-内酰胺无法进入的深口袋中，也能参与细胞壁的合成，从而使 PBP2a 可以替代失活的 PBPs 促使细菌细胞壁的形成[221]。研究发现一种新的 mecC 基因编码 PBP2c 蛋白，它也存在于 MRSA SCCmec 元件中，并且与 mecA 基因高度同源[223]。此外，MRSA 中存在大量不直接参与 mecA 转录或翻译的额外基因，但对耐药表型有深远的影响，比如 fem 基因和 aux 基因[224]。已被确定的 fem 基因有 20 多种，其中研究较多的为 femA、femB、femC、femD、femE、femF 基因。SmaI-A 片段中包含 femA、femB、femC、femE 基因；SmaI-B 片段中包含 femF 基因；SmaI-I 片段中包含 femD 基因，这些基因的插入失活都会改变 MRSA 耐药水平[225]。然而，在临床分离的菌株中也存在大量的耐甲氧西林但缺乏已知的 mec 基因的菌株，这种菌株称为 MRLM（Meticillin resistant lacking mec）。根据最近的研究发现参与金黄色葡萄球菌第二信使环 AMP 降解的磷酸二酯酶 GdpP 可以与 MRLM 耐药表型相关。gdpP 基因突变是缺乏 MRSA 耐药的决定因子 mec 及其相关机制[226]。

所有肠球菌都至少有 5 个 PBPs 基因，通过基因组分析发现粪肠球菌和屎肠球菌中可能有 6 个 PBPs 基因，包括 A 类：PonA、pbpF、pbpZ；B 类：pbp5、pbpA、pbpB[227]。对 β-内酰胺类药物作用的固有耐药性与特异性染色体基因 pbp5 的存在相关，该基因可编码对氨苄西林和头孢菌素类具有低亲和力的 B 类 PBPs。在屎肠球菌中，pbp5 基因与另外两个也参与细胞壁合成的基因（PBP 合成抑制因子 psr 和 ftsW）一起包含在操纵子中[227]。由于低亲和力 PBPs 的表达使得肠球菌对 β-内酰胺类抗生素具有固有耐药性。因此，肠球菌对青霉素的最低抑菌浓度高于链球菌或其他革兰氏阳性菌[228]。肠球菌对 β-内酰胺类抗生素中度耐药主要由于 pbp5 的过

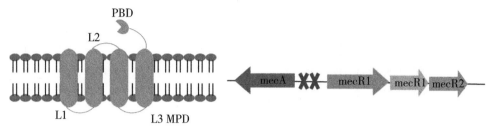

A. 不存在 β 内酰胺类抗生素的情况，转录抑制

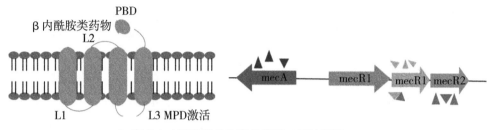

B. 存在 β 内酰胺类抗生素的情况，转录激活

图 4-7　MecA 调控显著特征的模型[221]

量产生，*pbp5* 受到 *psr* 的调控维持在正常水平内。当 *psr* 发生突变失调时使得 *pbp5* 基因充分表达，导致细菌耐药[229]。当 PBPs 的亲和力进一步下降会导致肠球菌对 β-内酰胺类抗生素高度耐药。比如，屎肠球菌对氨苄西林的高耐药性与蛋白质序列的突变密切相关，特别是活性丝氨酸残基附近的 Met485→Ala 取代，以及将丝氨酸残基插入到 466 位[230]。事实上，头孢菌素固有耐药的分子机制尚待明确，除了与 *pbp5* 结合亲和力的固有差异外，还报告了一种由上游蛋白磷酸酶 ireP 相互调节的二室信号转导系统（croRS）和一种称为 ireK 的 Ser/Thr 激酶也是头孢菌素耐药性的重要因素[231]。*ireK* 的缺失导致细胞包膜缺陷和对多种头孢菌素（包括头孢曲松）的易感性增加，使用头孢曲松治疗后 *ireK* 磷酸化增加也已被证明与抗生菌素耐药性相关[232]。此外，在 *ireK* 下游发现的 *ireB* 最近也被描述为通过 *ireK* 依赖性磷酸化导致头孢菌素耐药性[233]。

（三）膜通透性

革兰氏阴性菌的细胞壁由内膜（IM）、外膜（OM）和周质间隙组成。在革兰氏阴性菌中，OM 有着特殊的结构，由内部的磷脂和外部的脂多糖（LPS）组成，形成不对称脂质双分子层，防止极性溶质的渗透[234]。药物进入体内发挥疗效作用必须经过细菌的 OM，当细胞膜通透性降低时，抗菌药物不能进入细菌细胞就会导致耐药。大肠杆菌 OM 中存在 OmpC、OmpF 和 PhoE 等膜孔蛋白，这些膜孔蛋白是由排列成 β 桶的 8~24 条 β-链组成的三聚体。β-链的大量和构型允许在每个 β 桶中形成中心亲水孔[235]。基于膜孔蛋白的抗生素耐药机制主要集中在以下两个方面：①外膜轮廓的改变，包括膜孔蛋白丢失/严重减少或用另一种或两种主要膜孔蛋白替换；②由于特异性突变导致功能改变，降低了膜通透性[236]。膜孔蛋白是β-内酰胺类药物（包括头孢菌素、青霉素和碳青霉烯）进入的首选途径，OmpF和OmpC的改变都会导致耐药性的出现。此外，膜孔蛋白表达与抗生素敏感性之间的关系似乎与膜孔蛋白通道的特征有关，如孔径大小和位于收缩区域的电荷[237]。比如，大肠杆菌临床菌株中的OmpC突变体在收缩区域的残基中产生多种替换，这些残基扰乱了横向电场而不减小其尺寸，从而将药物困在不利于渗透的方向[238]。除外膜通透性，β-内酰胺酶降解和外排泵活性也能有效地控制活性β-内酰胺类抗生素在细胞内的浓度。

OmpF和OmpC的表达受到几个因素的严格控制，渗透压可能通过EnvZ-OmpR双组分系统调节，使OmpF和OmpC表达最佳环境信号[238]。在通过外部信号激活后，自磷酸化EnvZ的磷酸基团被转移到OmpR。磷酸化的OmpR作为转录因子，差异地调节编码OmpF基因和OmpC基因的表达。当磷酸化OmpR水平较低时，OmpF基因在低渗透压下转录，并且转录因子仅结合OmpF基因中存在的高亲和力结合位点。相反，当磷酸化OmpR的浓度由于高渗透压而增加时，磷酸化的OmpR占据了OmpF基因和OmpC基因中可用的所有结合位点，并且这种顺序结合触发了porin基因的差异表达，使OmpC的转录增加，OmpF有转录抑制[239]。此外，OmpF被sRNA MicF转录后抑制。MicF基因转录后的产物为93个核苷酸的反义RNA，这种93个核苷酸的sRNA通过直接碱基配对与包含核糖体结合位点和起始密码子的区域进行碱基配对，从而与OmpF mRNA相互作用，从而阻止翻译的启动并有利于降解[240]。OmpF基因表达还受转录因子SoxS和MarA调节，分别响应氧化应激和抗生素应激。MarA可以直接在转录水平抑制OmpF基因的表达，也可以通过下调孔蛋白基因的表达和上调多药外排泵的表达来协同减少抗生素的细胞内积累[241]。

（四）外排泵

药物外排泵（Efflux pumps）是存在于细菌细胞膜上的一类蛋白质，细菌利用外排泵主动地将抗菌药物由细胞质向外环境排出。在革兰氏阳性菌和革兰氏阴性菌以及真核生物中都存在外排泵，外排泵基因的高表达会增加对靶标特异性不同的多种抗生素的耐药性[242]。涉及细菌多药耐药的主动外排泵系统包括ATP结合盒转运蛋白（ABC）、主要促进超家族（MFS）、小多药耐药（SMR）家族、耐药结节细胞分化家族（RND）、多药和毒物外排家族（MATE）[243]。不同类型外排泵的区别在于能量来源，ABC家族成员通过ATP水解提供能量，MFS、RND和SMR家族使用H^+提供的质子动力，而MATE家族依赖于Na^+或H^+底物的反向传输以提供能量[244]（图4-8）。

临床上革兰氏阴性菌中最重要的外排泵是耐药结节细胞分化家族（RND）的成员，因为它们识别广泛的底物并与多药耐药性（MDR）相关[245]。由膜融合蛋白（AcrA）、外排转运蛋白（AcrB）和外膜通道蛋白（TolC）3个部分组成的AcrAB-

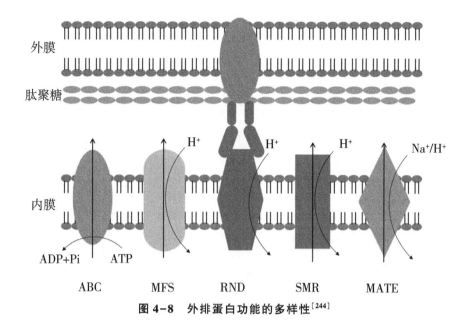

外膜

肽聚糖

H^+ H^+ H^+ Na^+/H^+

内膜

ADP+Pi ATP

ABC MFS RND SMR MATE

图 4-8 外排蛋白功能的多样性[244]

TolC 系统目前研究的比较清楚。AcrAB-TolC 外排泵可运输 β-内酰胺类、氨基糖苷类、大环内酯类、四环素类、磺胺类等抗菌药物[242]。在 AcrAB-TolC 外排系统中，AcrA 通过 N 端脂质修饰锚定在内膜上，C 端与内膜上的 AcrB 作用。当 AcrA 与 AcrB 形成 AcrAB 二元复合物沿着细胞内膜滑动直到遇到 TolC，存在抗生素时，AcrAB 二元复合物改变其构象从而募集 TolC，TolC 在外膜上处于封闭状态，以维持周质与细胞外环境处于隔离的状态，当遇到药物后，外排泵的构象发生变化呈开放状态，以促进药物的排出，在药物分子排出后外排泵立即关闭[246,247]（图 4-9）。如果外排泵蛋白过度表达会破坏细胞膜的完整性，因此外排泵也存在调控机制。RND 外排泵的调控机制在不同物种中大致相似，泵基因存在局部抑制以及全局转录因子调控。在大肠杆菌，沙门氏菌属和克雷伯氏菌属中，局部抑制因子 AcrR 作为调节剂，以防止 *AcrAB* 的过表达。AcrR 已在大肠杆菌中进行了广泛的研究，它是 TetR 转录抑制因子家族的一部分，当诱导时，它会抑制 *AcrAB*[248]。*AcrR* 位于 *AcrAB* 操纵子的上游，被发散地转录，可以抑制自己的合成。大肠杆菌和沙门氏菌的临床和兽医分离株已被鉴定出具有 *AcrR* 突变，导致抑制丧失并随后过度表达 Acrab-TolC[249]。大肠杆菌 AcrAB-TolC 表达也受到 *Mar* 调控。大肠杆菌中的多重耐药操纵子 *Mar* 是通过 *MarA* 中的转座子插入发现的。*MarA*、*MarR* 和 *MarB* 基因都参与多种抗生素耐药性。*MarA* 编码全局转录激活物，促进 *AcrAB* 的转录[249]。*MarR* 是一种在没有任何环境信号的情况下阻断自身转录的蛋白质，*MarR* 通过与包含其启动子的操纵子 DNA 序列 *MarO* 中的两个回文序列结合来抑制 *MarRAB* 操纵子从而调控 *MarA* 的表达。只有当 *MarR* 的抑制被破坏时，才会发生 *MarRAB* 的转录[250]。

MarB 位于 *MarA* 的下游，通过未知机制增加 *MarA* 的水平。此外，*MarA* 的同源物 SoxS 和 Rob 也能识别与 *MarA* 相同的 DNA 序列并类似地调节转录。

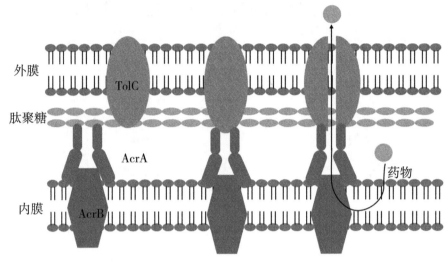

图 4-9　多药外排泵 AcrAB-TolC 的体内组装和工作机理[246]

　　综上所述，细菌对 β-内酰胺类耐药机理是多方面的，由于抗生素的广泛使用和误用已经造成了严重的耐药性问题，故临床上抗菌药的使用要严格掌握适应证，尽可能地以病原学诊断为标准，不可滥用。

第七节　大环内酯类抗生素耐药机制

一、大环内酯类抗生素的介绍

　　大环内酯类抗生素是由 14 元、15 元或 16 元大环内酯环组成的抗菌活性较强的聚酮类药物，是一类非常重要的抗生素[251]。所有大环内酯类抗生素都与核糖体大亚基（50S）中的 23S rRNA 结合，占据与肽基转移酶中心（PTC）相邻的新生肽出口隧道（NPET）内的一个位点（图 4-10）[252]。一方面，大环内酯类可结合到 23S rRNA 的特殊靶位，阻止肽酰基 tRNA 从 mRNA 的"A"位移向"P"位，使氨酰基 tRNA 不能结合到"A"位，选择抑制细菌蛋白质的合成。另一方面，与细菌核糖体 50S 亚基的 L22 或 L4 蛋白质结合，导致核糖体结构破坏，使肽酰 tRNA 在肽键延长阶段较早地从核糖体上解离[253]。大环内酯类、林可酰胺类和链球菌素 B 以相同的方式影响细菌细胞，大环内酯类的靶位点是位于核糖体 50S 大亚基 23S rRNA 结构域 V 区的核苷酸 A2058 和 A2059，罕见的是位于结构域 Ⅱ 内的核苷酸 A752[254]。

二、大环内酯类抗生素的耐药机制

目前大环内酯类抗生素已经广泛用于临床中，自从出现葡萄球菌对红霉素的耐药性后，耐药性问题一直较为突出。现阶段我们对其耐药机制的了解日益增加，对大环内酯类耐药机制主要集中在以下3点：①通过甲基化或突变进行靶位点修饰，阻止抗生素与其核糖体靶标结合导致靶位改变；②产生灭活酶；③外排泵的外排作用[255]。

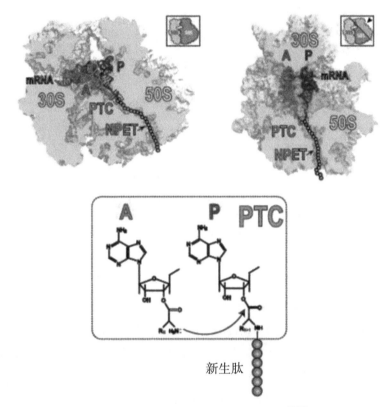

图 4-10 大环内酯类抗生素作用机理[252]

（一）靶位改变

1. 产生甲基转移酶

位于染色体或质粒上的甲基化酶结构基因经大环内酯类抗生素的诱导活化形成甲基化酶。临床中最常见的是由 *erm* 基因编码的 rRNA 甲基转移酶催化。*erm* 甲基酶修饰 23S rRNA，特别是结构域 V 的 A2058 的单甲基化和二甲基化，从而形成 N-甲基腺嘌呤或 N，N-二甲基腺嘌呤。大环内酯类药物与核糖体的结合显著降低，使细胞对这些药物具有高度耐药性[256]。大多数 *erm* 基因可被 14 元和 15 元大环内酯类诱导，因此，由于信使 RNA（mRNA）二级结构隔离其核糖体结合位点（RBS），*erm* 甲基转移酶基因的翻译抑制可通过诱导剂与核糖体结合而解除。甲基转移酶基因起始密码子的上游是一个开放阅读框（ORF），产生不同长度（8~38个氨基酸）的前导肽，每个包含一个大环内酯停滞基序。当大环内酯结合的核糖体停顿时，一个包含 RBS 的茎环结构的衰减器被破坏，导致核糖体结合和甲基转移酶的合成[253]。当然 erm 甲基酶也能修饰林可酰胺和链球菌素 B，使之产生耐药性，因而这种耐药性也称为 MLSB。23S rRNA 的重叠结合位点使得大环内酯类、林可酰胺和链球菌素 B 类药物具有交叉耐药性。目前已经报道了近 40 个 emr 基因，erm(A) 和 erm(C) 通常是葡萄球菌的基因；erm(B) 类基因主要分布在链球菌和肠球菌；erm(F) 类基因在拟杆菌属和其他厌氧菌中传播[255]。

耐大环内酯类甲氧西林金黄色葡萄球菌（MAC-MRSA）能够快速获得耐药性，且相关治疗选择有限，因此是临床上最重要的微生物之一[257]。金黄色葡萄球菌对甲氧西林和大环内酯类耐药的相关性取决于多种机制，如改变抗生素作用的靶点（erm 基因）或主动清除细菌细胞中的大环内酯类抗生素（msr 基因）。金黄色葡萄球菌中的 ermA 基因通常位于 Tn554 转座子上，由接合质粒 pWBG4 携带。Tn554 转座子包含 ermA 基因、3 个转座酶基因（tnpA、tnpB 和 tnpC）、spc 基因和开放阅读框（ORF）[254]。而 ermC 基因主要负责甲氧西林敏感菌株中的红霉素耐药性，并由 pNE131、pE194 和 pSES22 3 种不同的质粒携带[258]。ermA 和 ermC 基因表达在翻译过程中受到调控，ermA 基因前面是 pepL 和 pep1 基因，ermC 基因前面只有 pep 基因。pep 基因的吻合结构抑制核糖体进入 erm 基因的核糖体结合位点（RBS）。大多数 erm 基因都经诱导，使核糖体进入 erm 基因的 RBS，导致甲基转移酶的合成[259]。

2. 23S rRNA 碱基替换

在肠杆菌科和其他革兰氏阳性或革兰氏阴性菌中，与大环内酯类耐药性发展最广泛相关的 23S rRNA 突变是影响 A2058 或 A2059 位的突变。突变 A2058G 对所有大环内酯类（包括多种酮内酯类）均具有高水平耐药性。一个例外的情况是肺炎链球菌中 A2058G 突变导致对大环内酯类耐药，但对酮内酯类耐药水平较低[260]。A2059 位点突变已在体内分枝杆菌、丙酸杆菌、幽门螺杆菌和肺炎链球菌中发现。此外，肠杆菌科中影响位置 A745、A752、U754、G2057、A2032、A2062、A2503、U2609、C2610 或 C2611 的突变也能够通过增加耐药性水平或导致活性增强来影响大环内酯类抗生素的活性[261]。这些 23S rRNA 替换可能产生不同水平的大环内酯类耐药性，一些特定的替换导致对某些大环内酯类抗生素的耐药性增加，或者敏感性提高。A2058 或 A2059 的突变会影响所有大环内酯类化合物，很可能是因为这些位置直接参与了所有大环内酯类化合物与核糖体之间的相互作用[262]。

3. 核糖体蛋白改变

在核糖体组装中起支架作用的核糖体蛋白 L4 和 L22 是核糖体大亚基上的蛋白质成分。目前，已经描述了编码在 rplD 基因中的 L4 和编码在 rplV 基因中的 L22 的改变，包括点突变、插入和缺失对大环内酯类药物 MIC 的影响[263]。核糖体蛋白

L4 和 L22 的基因突变主要是使红霉素产生耐药性，并降低泰利霉素敏感性[264]。目前在大肠杆菌、肺炎链球菌、流感嗜血杆菌、化脓性链球菌、金黄色葡萄球菌和支原体的临床分离株中均发现了核糖体蛋白突变。据报道，降低大环内酯结合能力的氨基酸定点取代主要影响 L4 位置 Q62、K63、G64 或 G66，以及 L22 位置 K90[264]。已经有一系列核糖体蛋白 L4 和 L22 改变会对大环内酯类抗生素耐药性产生影响的报道，例如 L4 K63E 的改变可能阻止大环内酯类化合物与 23S rRNA 的结合[265]。目前研究已经证明核糖体蛋白 L4 和 L22 存在多方面、多位点的突变，但一些突变是否与耐药性具有密切关系还需深入研究。

（二）产生灭活酶

1. 酯酶

水解灭活红霉素首次被证明广泛存在于从人粪便菌群分离的肠杆菌科中，通常与红霉素治疗相关，目前，已从大肠杆菌中分离出两种质粒编码的酯酶（ereA 和 ereB）具有高水平的红霉素耐药性[255]。ereA 是 1984 年第一个从大肠杆菌中分离出的第一个酯酶，*ereA* 基因在 pIP1100 质粒上携带，其基因编码分子量为 37 765 Da 的产物。*ereB* 基因编码一种分子量为 51 000 Da 的酶，首次在自传播质粒 pIP1527 上被鉴定，该质粒还含有 *ermB* 基因[253]。值得注意的是，*ereA* 和 *ereB* 编码的酯酶均可水解 14 元和 15 元大环内酯的内酯环，但彼此之间仅表现出 25% 的氨基酸同源性[266]。基于 GC 含量和密码子使用，认为 *ereA*（GC 含量 50%）起源于革兰氏阴性菌；而 *ereB*（GC 含量 36%）虽然最初在大肠杆菌中发现，但认为起源于革兰氏阳性菌。*ereB* 和 *ermB* 中密码子使用相似，革兰氏阳性菌来源相似。研究表明，*ereB* 和 *ermB* 共表达大肠杆菌对红霉素耐药的贡献超过单独累加作用[267]。

2. 磷酸转移酶

此外，磷酸转移酶也会导致大环内酯类抗生素 14 元、15 元和 16 元内酯环结构的改变。通常在可移动遗传元件上发现的大环内酯 2′-磷酸转移酶是可诱导（如 *mphA*）或组成性表达（如 *mphB*）的胞内酶，能够将三磷酸核苷酸的 γ-磷酸盐转移至 14 元、15 元和 16 元环大环内酯类抗生素的脱氧糖胺 2′-OH 基团，从而破坏大环内酯类与 A2058 的关键相互作用[268]。目前，已知有 7 种大环内酯类活性磷酸转移酶：MphA、MphB、MphC、MphD、MphE、MphF、MphG。首次鉴别的磷酸转移酶 MphA 和 MphB 具有 37% 的氨基酸同源性，表明其具有差异性。*mphB* 基因已在大肠杆菌和金黄色葡萄球菌中功能性表达，但 *mphA* 基因可在大肠埃希菌中表达，但在金黄色葡萄球菌中不表达[253]。值得注意的是，编码 Mph 酶的基因通常在含有其他大环内酯类耐药基因和赋予其他抗生素类别耐药性的基因的可移动遗传元件上，因此由磷酸转移酶带来的耐药性对人类的威胁巨大。

（三）外排泵的外排作用

1. Mef 蛋白家族

在革兰氏阴性菌中，染色体编码的外排泵常促使大环内酯类抗生素的固有耐药性，泵通常属于耐药结节细胞分化家族（RND）。在革兰氏阳性菌中，通过主动外排获得大环内酯类抗生素的耐药性是由两类外排泵引起的：ATP 结合盒转运体类（ABC）、主要易化超家族（MFS）[255]。Mef 泵是 MFS 家族的蛋白质，具有 12 个跨膜结构域，彼此之间通过亲水环连接，其氨基端和羧基端均位于细胞质中[269]。Mef 泵是具有大环内酯类抗生素结合位点的逆向转运蛋白，会引起蛋白质构象变化，使大环内酯类抗生素外流，以交换质子[270]。mef 基因有两个主要的子类，mefA 和 mefE，虽然二者同源性高于 80%，但它们具有不同的遗传元素。这两个基因都对 14 元和 15 元大环内酯类耐药，而对 16 元环、林可酰胺和链球菌素 B 都不耐药，从而提供所谓的"M 表型"[269]。mefE 以及金黄色葡萄球菌 msrA 家族的基因携带相邻的 ATP 结合盒式转运蛋白基因，称为 msrD 基因。目前关于 msrD 的确切功能尚待完全阐明，但 msrD 和 mefE 的共表达是肺炎链球菌高水平大环内酯外排所必需的，两种蛋白协同作用可增加大肠杆菌对大环内酯类的耐药性。此外，mef 基因受转录衰减的调控，在诱导大环内酯类存在下，通过抗衰减转录来诱导 mefE/msrD 操纵子[253]。

2. Msr 蛋白家族

Msr 蛋白有 4 个主要类别：A、C、D 和 E，它们彼此显示 80% 的氨基酸同源性，其作用是从核糖体中取代抗生素。其中最主要的 msr 基因是从链球菌中鉴定的 msrA 和 msrB。msrA 家族基因赋予对 14 元和 15 元大环内酯类和链球菌素 B 的耐药性，即 MS_B 表型[271]。msr 基因编码 ATP 结合盒（ABC）转运蛋白。ABC 转运蛋白家族的生物活性蛋白在其结构中含有 4 个结构域：两个是亲水性核苷酸结合结构域（NBD），两个是疏水性跨膜结构域（TMD）[272]。疏水结构域，也称为膜跨结构域（MSD），由 6 个跨膜 α 螺旋组成，形成同源和异源二聚体，决定了 ABC 蛋白转运的底物的特异性。现有两种假设解释了与 MsrA 蛋白相关的耐药性机制：①它具有 ATP 依赖性外排泵活性，药物的主动去除发生在 ATP 水解产生的能量的参与下；② MsrA 充当保护蛋白（图 4-11）。但到目前为止，这一假设还没有得到验证。外排泵假设是指药物的主动去除发生在 ATP 水解产生的能量的参与下，ATP 的内化及其水解导致蛋白质结构的变化。关于 MsrA 充当保护蛋白是假设 MsrA 通过与核糖体结合来影响翻译过程，导致 23S rRNA 亚基上抗生素结合位点的阻断[254]。

大环内酯类抗生素错综复杂的耐药机制引起多种耐药表型，靶位改变、灭活酶的产生、外排泵的外排作用都使得大环内酯类抗生素耐药越发严重。病原体对抗生素的耐药性始终是当今一个严重且持久的问题，快速开发新的、有效和安全的抗生素是解决这个问题的答案之一。第三代大环内酯类抗生素-酮内酯已经被研发出来，但一些突变也表明酮内酯中也出现了耐药性，当前我们最应该做的就是合理用药，减少抗生素的使用。

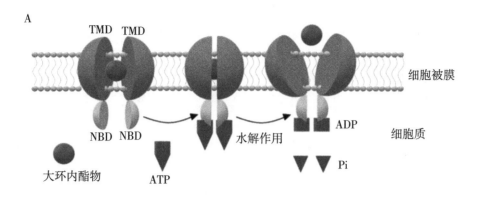

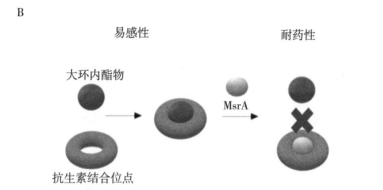

图 4-11 与 MsrA 蛋白相关的耐药性导致对 14 元和 15 元大环内酯类和链球菌素 B（MS$_B$ 表型）

（A）大环内酯类药物从细菌细胞流出；（B）MsrA 作为保护蛋白[254]。

第八节 林可胺类抗生素的耐药机制

一、林可胺类抗生素的介绍

林可胺类抗生素在临床上应用较多的有林可霉素、克林霉素等，它的作用位点是细菌核糖体 50S 亚基，通过干扰肽链的延伸从而使细菌蛋白质的合成过程受阻[273]。由于在临床中对此类抗生素使用的数量增加，不可避免地导致细菌在选择性压力下进化出各种机制来对抗林可胺类抗生素。

二、林可胺类抗生素的耐药机制

细菌对林可胺类抗生素的耐药机制，一种是主要由 *erm* 基因介导的对细菌核糖体 23S rRNA 腺嘌呤 N^{6}的二甲基化进行修饰，使核糖体结构发生改变，降低与药物的亲和力，从而产生抗性。另一种是细菌体内产生 O-核苷酸转移酶，使抗生素失去作用效果,但是这种情况只介导对林可胺类(L 型)的抗性。参与这种抗性机制的抗性基因 lmu(A)、lmu(B)、lmu(C)、lmu(D)、lnu(E)、lmu(F)不断被发现和研究。此外,还有产生靶标保护蛋白来赋予宿主的耐药性。

(一)erm 基因介导的甲基化修饰

对大环内酯类、林可胺类抗生素的联合耐药性通常是由 erm 基因编码的 rRNA 甲基酶介导的,这些甲基酶靶向 23S rRNA 结构域中 2 058 位的腺嘌呤残基。2 058 位的腺嘌呤残基位于这两类抗菌剂的重叠结合区。这种残基的甲基化阻止了大环内酯类、林可酰胺抗生素与它们的核糖体靶点结合。编码这些甲基酶的相应 erm 基因通常位于质粒、转座子或整合和接合元件上,这有助于它们跨越菌株、物种,有时甚至是属的边界传播。

(二)产生 O-核苷酸转移酶

林可胺类通常被 O-核苷酸转移酶灭活,这种酶存在于各种生物体中。O-核苷酸转移酶对林可霉素表现出最高活性,对吡利霉素表现出中等活性,对克林霉素表现出最低活性[274]。编码 161 个氨基酸的 O-核苷酸转移酶的基因 lnu(A)通常位于仅含有 lnu(A)基因和质粒复制基因的小质粒上。已经描述了几种不同类型的携带 lnu(A)的质粒,其中许多在动物来源的金黄色葡萄球菌中和动物来源的凝乳酶阴性葡萄球菌中[275]。基因 lnu(B)编码 267 个氨基酸的 O-核苷酸转移酶之后在猪停乳链球菌亚种中被鉴定出来。最近在金黄色葡萄球菌、粪肠球菌、无乳链球菌的多耐药基因簇或在染色体 DNA 中被检测到[276,277]。在患有乳腺炎的牛乳房链球菌分离株的染色体 DNA 中检测到编码 164 个氨基酸的 O-核苷酸转移酶的 lnu(D)基因[278]。在猪链球菌的质粒上发现了编码 173 个氨基酸蛋白的基因 lnu(E)[279]。

(三)产生靶标保护蛋白

靶标保护蛋白通过直接结合抗生素靶标来赋予宿主耐药性。这类蛋白中有一类是 F 亚型(ARE-ABCFs)的抗生素耐药(ARE)ATP 结合盒(ABC)蛋白,广泛分布于整个革兰氏阳性菌中,结合核糖体以缓解靶向核糖体大亚基的抗生素的翻译抑制。例如,粪肠球菌 LsaA 和单核细胞增生李斯特菌 VgaL 等。与参与耐药性的 ATP 结合盒(ABC)超家族中更典型的成员相比,ABCFs 不会将抗生素跨膜转运。目前,vga(A)、vga(A)V、vga(A)LC、vga(C)、vga(E)、vga(E)V、lsa(A)、lsa(C)、lsa(E)、eat(A)v 和 sal(A)等 ABCFs 蛋白基因已被阐明[280]。Vga(A)、Vga(C)和 Vga(E)蛋白可以排出林可胺类抗生素。粪肠球菌的种属特异性染色体基因 lsa(A)编码 496 个氨基酸的 ABCFs 蛋白,在介导粪肠球菌对林可胺类的固有耐药性中发挥作用,但屎肠球菌天然敏感。屎肠球菌携带的自由基因 eat(a)编码的 AB-CFs 蛋白,与 Lsa(A)蛋白的同源性仅为 66%,在耐药性中无功能。但在对林可胺类抗生素耐药的分离株的 Eat(A)蛋白中发现了氨基酸替换(Thr450Ile)[281]。与其他种类的 Lsa 蛋白相比,Lsa(B)蛋白仅可以使细菌对林可胺类的最小抑菌浓度

（MIC 值）升高，但是低于耐药临床折点[282]。无乳链球菌的 $lsa(C)$ 基因编码 492 个氨基酸的 ABCFs 蛋白也赋予对林可胺类抗生素的耐药性[283]。

抗生素为许多由微生物引起的疾病提供了治疗方法。耐药性主要是细菌适应抗生素暴露的结果，经过长时间的进化，微生物已经进化出应对每一种抗生素的策略。然而，适应当前抗生素的微生物数量一直在急剧增加，所以我们应该对细菌的耐药机制进行更进一步的研究，来防止可能会发生的不利结局。

第九节　多肽类抗生素的耐药机制

一、多肽类抗生素的介绍

目前批准用于畜禽中使用的本类药物包括黏菌素、杆菌肽等。黏菌素对革兰氏阴性菌的作用效果更好，对革兰氏阳性菌通常不敏感。此类抗生素作用机制是通过正负电荷的相互作用从而增加细胞膜的通透性，使胞质的重要大分子泄露，导致细菌死亡。杆菌肽抗菌谱主要是金黄色葡萄球菌等革兰氏阳性菌，而对革兰氏阴性杆菌无效。其作用机制是阻碍线性肽聚糖的形成，导致细胞壁合成受阻，同时也损伤细胞膜，使胞内物质泄漏，导致细菌死亡。

二、多肽类抗生素的耐药机制

细菌对黏菌素不像其他抗生素容易产生耐药性，多黏菌素 E（黏菌素）和多黏菌素 B 代表了治疗严重革兰氏阴性菌感染的最后手段[284]。不幸的是越来越多的使用多黏菌素治疗这些病原体引起的严重感染，导致对这些最后一线药物的耐药性广泛传播。黏菌素耐药性有多种机制：一是由细胞外膜的脂多糖（LPS）修饰赋予的，LPS 上负电荷的减少导致黏菌素与细菌 LPS 的亲和力降低[285]；二是由质粒介导的 mcr-1 基因的广泛传播；三是不经常见的外排泵机制。

（一）细胞外膜的 LPS 修饰

许多基因和操纵子在 LPS 的修饰中起作用，而 LPS 的修饰又导致了多黏菌素的抗性。这些基因和操纵子包括：①在 LPS 修饰中直接发挥作用的一些酶基因和操纵子，如 $pmrE$ 基因和 $ArnBCADTEF$ 操纵子；②双组分调节系统（TCS），包括 PmrAB、PhoPQ 以及 PmrAB 和 PhoPQ 的负调控因子 $mgrB$ 基因；③质粒介导的 mcr 基因[286]。赋予黏菌素抗性的两种主要 LPS 修饰是在脂质 A 中加入 4-氨基-4-脱氧-l-阿拉伯糖（L-Ara4N）和磷酸乙醇胺（PetN）。各种 pEtN 编码基因都能够将 pEtN 添加到 LPS 的不同位点，导致多黏菌素耐药性的产生。$ArnBCDADTEF$ 操纵子和 pmrE 可以合成 L-Ara4N，并固定在脂质 A 上。$pmrA/pmrB$ 的突变导致 ArnB-

CADTEF 操纵子和 *prmE* 基因的上调，脂质 A 和 LPS 核心分别被 PmrCAB 操纵子和 cptA 用 PEtN 进一步修饰。在肠道沙门氏菌中发现了 *pmrA* 和 *pmrB* 基因内的突变，可导致突变株对多黏菌素的抗性。LPS 修饰酶的表达受几种双组分系统（TCSs）的协同作用调节。在肠杆菌科中，染色体编码的 PhoPQ 和 PmrAB 调节黏菌素耐药机制的表达[287]。革兰氏阴性菌多黏菌素耐药相关脂多糖修饰基因的激活如图 4-12 所示，在大肠杆菌中 *mgrB* 和 *micA* 对 PhoP/PhoQ 调节系统施加负反馈，而 *mgrB* 或 *phoP/phoQ* 中的突变通常导致 PhoP/PhoQ 双组分系统的组成性诱导。PhoP/PhoQ 激活 *pagL*（使沙门氏菌中的脂质 A 脱酰化）和 *pmrD*（进而激活 *pmrA*），由此产生的 LPS 修饰参与介导多黏菌素耐药性。

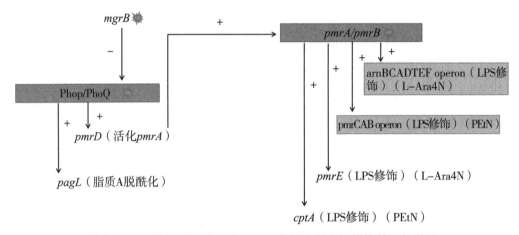

图 4-12　革兰氏阴性菌多黏菌素耐药相关脂多糖修饰基因的激活

（深灰色框表示 PmrAB 和 PhoPQ 双组分调节系统；浅灰色框表示启动子；其他则表示基因；❀表示基因发生突变；"+"表示促进作用，"-"表示抑制作用。）

（二）*mcr-1* 基因介导的水平转移

质粒介导的 *mcr-1* 基因负责黏菌素抗性的水平转移，导致黏菌素抗性在不同的种属间快速传播[288,289]，尽管如此，*mcr-1* 基因似乎仅限于肠杆菌科细菌，研究者首次描述了 2011—2014 年在中国分离的大肠埃希菌分离株[290]。*mcr-1* 基因的表达会导致向脂质 A 中添加 PetN，从而产生阳离子强度更高的 LPS，与上述染色体突变相似。大肠埃希菌中产生 MCR-1 导致多黏菌素的 MIC 增加 4~8 倍[291]。如果没有其他的耐药机制，MCR-1 的产生足以使大肠杆菌对多黏菌素产生耐药性。2016 年研究报道在大肠杆菌发现了一种新型多黏菌素抗性基因 *mcr-2*，它被携带在 IncX4 质粒上[292]。2017 年，可移动多黏菌素抗性基因 *mcr-3*、*mcr-4* 和 *mcr-5* 相继被发现[293-295]。2018 年研究者发现了 3 个可移动多黏菌素抗性基因 *mcr-6*、*mcr-7* 和 *mcr-8*。

（三）外排泵的产生

少数研究表明，外排泵也可导致多黏菌素耐药。已研究的肠杆菌科外排泵包括

AcrAB 和 KpnEF。在沙门氏菌中，Sap 蛋白是对多黏菌素产生抗性的重要条件，此外 AcrAB-TolC 外排系统可以将多黏菌素排出，使沙门氏菌对多黏菌素产生耐药性。

因为存在一些耐药菌株，其耐药机制尚不清楚，所以尽管已经进行了大量旨在阐明多黏菌素耐药机制的工作，但仍有大量的问题有待解决。候选基因对多黏菌素耐药性的贡献尚未得到充分研究，考虑到多黏菌素在临床实践中的意义，研究和解决这些问题至关重要。

第五章

奶牛养殖场病原微生物中
耐药性研究现状

第一节　奶牛养殖场主要病原微生物种类

一、条件致病菌

正常菌群与宿主之间通过营养竞争、代谢产物的相互制约等因素，维持着良好的生存平衡。在一定条件下这种平衡关系被打破，原来不致病的正常菌群中的细菌可以成为致病菌，这类细菌被称为条件性致病菌，也称机会性致病菌。

致病条件包括：定居部位改变某些细菌离开正常寄居部位，进入其他部位，脱离原来的制约因素而生长繁殖，进而感染致病；机体免疫功能低下。正常菌群进入组织或血液扩散，菌群失调。条件性致病菌主要包括：无乳链球菌、金黄色葡萄球菌、支原体等。其中，金黄色葡萄球菌是与奶牛乳腺炎相关的最常见的病原体。

（一）无乳链球菌

无乳链球菌（*Streptococcus agalactiae*）按照兰氏（Lancefield）血清学分类属于B群，因此又称为B族链球菌（Group B Streptococcus，GBS），是革兰氏阳性球菌，呈单个、成双或链状排列，在血平板上35℃培养18~24h，形成灰白色、表面光滑、圆形、β溶血的菌落，部分菌株无β溶血环，分解海藻糖、不分解山梨醇，马尿酸钠、CAMP和V-P试验均为阳性。该菌具有10种不同荚膜血清型（Ia，Ib，Ⅱ-Ⅸ），专性寄生于奶牛乳腺组织、乳头和生殖道内，属于传染性病原菌，通过挤奶人员、挤奶器械以及蝇虫等传播。

*S. agalactiae*引发的乳腺炎约占奶牛乳腺炎总发病率的30%~70%，是引起奶牛隐性乳腺炎的首要致病菌，当牛群感染了无乳链球菌，并不会立即表现出临床症状，大多数是隐性感染，因此得不到奶牛养殖场重视。在感染初期，乳房出现红肿、硬结，产生的乳汁中含有灰白色的浓汁和血液，还会出现间接性发热等症状[296,297]。生产中，无乳链球菌对乳腺组织造成不可逆的损伤，使奶牛乳腺形成脓

肿纤维化和结缔组织增生，而乳腺组织一旦形成损伤，药物无法彻底治愈，会导致乳腺炎反复发作[298]。通过多位点序列分型方法研究，我国奶牛养殖场流行的菌株基因型主要是 ST67、ST103 和 ST568[299]，ST67 型被认为是牛中普遍存在的基因型[300]，且许多国家都发现存在该基因型，如巴西、法国、英国和美国。研究报道，巴西奶牛中分离到 ST103 型[301]，挪威和丹麦奶牛养殖场中主要流行基因型是 ST103，ST568 型只在我国发现，且流行率很高。

通过对无乳链球菌流行情况进行调研，不同国家和地区结果不同。Saed 等采集 191 批次乳腺炎患病牛生鲜乳样本进行细菌分离培养，结果表明无乳链球菌的分离率高达 23%[302]；对美国东北部佛蒙特州和南部密西西比州流行病学调查表明，在调查的 998 个奶牛养殖场中，检出率为 43.59%；在佛蒙特州调查的 2 931 个奶牛养殖场中，检出率为 46.98%。在加拿大安大略地区调查的 250 个牧场中，检出率为 42.40%[303]；魁北克地区调查的 400 个牧场中，检出率为 43.00%[304]；亚伯达省调查的 1 350 个牧场中，检出率为 10.96%[305]。我国研究者对江苏等地区 33 个奶牛养殖场的研究表明，无乳链球菌检出率为 16.4%[306]，另有研究对南方某个牧场 27 份临床乳腺炎无乳链球菌检测，检出率高达 55.6%，进一步对我国南方其他 18 个牧场 103 批次大罐奶和东南地区 11 个牧场的大罐奶中无乳链球菌进行检测，检出率分别为 46.6% 和 27.3%[298]。

（二） 金黄色葡萄球菌

葡萄球菌是引起奶牛乳腺炎的主要病原菌之一，兼性厌氧，过氧化氢酶阳性，其中金黄色葡萄球菌（*Staphylococcus aureus*）属于微球菌科葡萄球菌属，典型的革兰氏阳性菌，多呈葡萄串珠样不规则地排列一起，是具有较强传染性的溶血球菌。该菌无芽孢、无鞭毛、大多无荚膜，可分解葡萄糖、麦芽糖、乳糖、蔗糖，产酸不产气，甲基红反应阳性，V-P 反应弱阳性。

S. aureus 是造成动物感染的主要致病微生物，对动物健康有极大的影响。*S. aureus* 通常定殖在奶牛乳头皮肤表面和乳腺组织内部，通过奶衬、挤奶员的手或擦拭乳头的毛巾在奶牛之间传播[307]，是众多病原菌中可对奶牛乳腺真正造成损伤并形成流行的细菌之一[308]。*S. aureus* 具有传播迅速、难治愈、易复发和强免疫抑制等特点，其致病力的强弱主要取决于产生的各种毒素和侵袭性酶[309-311]，包括 α-溶血素、β-溶血素、肠毒素、休克综合-1 毒素、凝集因子 A、杀白细胞素、纤连蛋白结合蛋白、耐热核酸酶等[312-314]。*S. aureus* 是引起奶牛乳腺炎和子宫内膜炎的主要病原体。奶牛乳腺炎和子宫内膜炎是奶牛养殖场发病率最高、治疗难度最大的两种疾病。根据对中国奶牛疾病的调查，规模化奶牛场乳腺炎和子宫内膜炎的发病率分别可达 20%~32% 和 35%~45%，给奶牛业造成了巨大的经济损失。病原学调查显示，*S. aureus* 是引起这两种疾病的最常见的病原体之一，感染率为 20%~50%；也是引发食物中毒的常见病原菌，其分泌产生的肠毒素能引起恶心、呕吐、

腹痛等急性胃肠炎症状。有研究表明，我国每年有20%～25%的细菌性食物中毒事件是由 *S. aureus* 引起。

研究报道，*S. aureus* 在生鲜乳中的流行情况不完全相同。刘肖利等[315]对新疆乌鲁木齐、伊犁、昌吉地区7个奶牛场患乳腺炎奶牛乳汁样本中金黄色葡萄球菌进行研究，结果表明，7个奶牛场有2个牛场检出并分离到金黄色葡萄球菌，分离率分别为7.14%和8.82%；苑晓萌[316]通过对山东省不同地区奶牛场418份生鲜牛乳样品中 *S. aureus* 的分离率等研究表明，共分离出121株金黄色葡萄球菌，分离率为28.9%；彭展[317]研究了河南地区规模化奶牛场74份乳腺炎患病牛奶样，结果表明，62株为葡萄球菌，其中金黄色葡萄球菌为4.49%；屈云[318]采集成都地区乳腺炎患病牛奶280份，健康牛奶180份，通过试验发现，分离率分别为29.76%和12.55%；朱宁[319]通过对上海地区规模化奶牛场71份生鲜乳样品中金黄色葡萄球菌流行情况进行研究发现，金黄色葡萄球菌的分离率为16.9%。虽然一些乳腺炎预防计划已经在不同的国家实施，但金黄色葡萄球菌在奶牛中的患病率仍然很高[320-322]。欧洲和美洲国家开展的研究表明，奶牛中金黄色葡萄球菌的流行率也不完全相同，研究报道，法国（1995—2012年）达到41%[323]；巴西圣保罗州金黄色葡萄球菌分离率为5.3%[324]，意大利牛群中达到47.2%[325]。可见，金黄色葡萄球菌的流行情况不完全相同，这可能与地区、季节和气候等因素有关。

（三）支原体

支原体（*Mycoplasma*）不具有细胞壁，没有固定形态结构，被公认为是引起奶牛乳腺炎的主要病因。其进入奶牛乳腺后，会造成持续感染，并伴有牛奶产量下降和牛奶质量降低[326]。支原体大多寄生于牛生殖道、鼻腔、乳腺等部位，可通过配种、哺乳、血液以及空气和饲料等途径传播，由于其生命力顽强，由其引发的奶牛乳腺炎不易治愈。支原体具有很强的传染性，可迅速在牛群中传播，对常规抗生素治疗无反应，临床康复的母牛感染的乳腺明显萎缩[327]。徐崇[328]对287份乳腺炎病牛的奶样进行检测发现，支原体检出率约为15%。

二、环境致病菌

环境性乳腺炎是由周围环境的细菌微生物引起的，称为环境致病菌，而传染性乳腺炎是由其他感染部位病原微生物传播引起的[329,330]。环境致病菌主要来源于粪便，一般包括大肠杆菌、肺炎克雷伯氏菌和产气肠杆菌等。大多数情况下真菌性乳腺炎主要由酵母引起，其中主要是念珠菌。1930年国外首次描述了由念珠菌引起的霉菌性奶牛乳腺炎。抗菌药物的使用和滥用、受污染抗生素溶液的处理、导管或其他与乳腺接触的物质也会造成酵母菌在奶牛乳房中的定殖。

（一）大肠杆菌

大肠杆菌（*Escherichia coli*）是两端钝圆的短杆革兰氏阴性菌，本菌能发酵多种碳水化合物产酸产气，甲基红试验阳性，V-P 试验阴性，可利用尿素酶和柠檬酸盐。*E.coli* 具有高度适应性，在环境中分布广泛，是导致环境性乳腺炎最重要的病原体之一，通常引起奶牛全身性急性临床乳腺炎。如果在泌乳早期感染乳腺组织，治疗不及时可能会引起致命危害[331]。超急性大肠杆菌乳腺炎被认为是最常见的致死性疾病[331,332]。轻度感染大肠杆菌的奶牛，乳房和牛奶中仅出现局部症状，而且持续时间短。病原体一般不侵入乳腺组织，而是留在乳管和乳窦内。因此，通过增加挤奶次数可有效治疗大肠杆菌引起的乳腺炎[331]。但是，对于中度和重度乳腺炎，因为病原体繁殖太快已扩散到乳腺组织，因此增加挤奶频率不能改善乳腺炎症状。

大肠杆菌引起的乳腺炎与牛场环境卫生直接相关，因此通过加强环境卫生管理，尤其是南方梅雨季节要及时清理运动场粪便，定期对运动场用烧碱及消毒液进行消毒，减少环境病原菌产生。大肠杆菌的细胞壁含有一种内毒素，是革兰氏阴性菌的主要毒力因子，是造成乳腺组织损伤的关键原因，也是激活白细胞免疫应答的效应分子[332]。

近年来，随着奶牛集约化养殖模式的推广，规范化挤奶程序、干奶期治疗和现代化管理方式的普及，传染性乳腺炎病原菌的检出率有所下降，而环境性乳腺炎病原菌，特别是大肠杆菌的检出率呈现增多趋势。苑晓萌等[333]采集山东省 3 个地区规模化奶牛场 227 份牛奶样品，采用细菌学方法对大肠杆菌进行分离鉴定，结果表明，共分离出 71 株大肠杆菌，分离率为 31.3%；涂军[334]采集广西南宁地区临床乳腺炎奶样 156 份，采用生化鉴定法对细菌进行了分离鉴定，结果表明，大肠杆菌检出率最高，为 46.8%；Gao 等[335]采集甘肃、内蒙古、黑龙江、广西以及中国东部地区 161 个大型奶牛养殖场 3 288 份临床乳腺炎牛奶样本进行细菌分离鉴定，结果表明，大肠杆菌检出率最高为 14.4%；另有研究采集甘肃、宁夏、青海和内蒙古 12 个奶牛养殖场 202 份奶牛乳腺炎奶样，采用 16S rDNA 测序方法进行细菌分离鉴定，结果表明，大肠杆菌检出率最高为 34.4%[336]；研究报道，对河北地区 159 份奶牛乳腺炎奶样进行细菌分离、采用生化和 PCR 方法进行鉴定，结果表明，大肠杆菌检出率为 17.7%[337]；程彪[338]采集新疆昌吉地区 3 个规模奶牛场共 84 份乳腺炎患病牛奶样，大肠杆菌分离率为 25.6%；Riekerin 等[339]采集了加拿大 10 个省 106 个奶牛场 3 033 份乳腺炎奶样并进行细菌分离鉴定，结果表明，大肠杆菌检出率为 17.6%。

（二）肺炎克雷伯菌

肺炎克雷伯菌（*Klebsiella pneumoniae*）是肠杆菌科克雷伯菌属的一种兼性厌氧革兰氏阴性杆菌，革兰氏染色镜检呈单个、成对或短链状排列的红色杆菌，在血琼脂上形成圆形突起、湿润且黏稠的灰白色菌落，不溶血可相互融合，边缘整齐且呈黏液状。其特征性状是接种环挑起时易形成拉丝。*K. pneumoniae* 多存在于粪便、垫料、挤奶垫或乳部皮肤上，是环境中常见的致病菌。

K. pneumoniae 生存能力强，普遍存在于人和动物肠道和呼吸道中，也存在于牧场环境及奶牛身体部位，是我国环境性奶牛乳腺炎的主要致病菌之一[340]。王亨等[341]对北京地区乳腺炎奶牛进行调研发现，*E. coli* 和 *K. pneumoniae* 是两种影响奶牛乳腺炎最大的革兰氏阴性菌。*K. pneumoniae* 对于泌乳期奶牛影响最为严重，该菌通常引起持续性感染，对治疗反应小，短暂治愈后易形成反复感染，抗生素治疗效果差，同时导致牛奶中抗生素残留，临床上只能淘汰患病奶牛，其导致死亡的奶牛表现出大量炎症和广泛组织坏死迹象[342,343]。可见，由 *K. pneumoniae* 引起的乳腺炎对奶牛养殖场造成的经济损失比较大。

徐崇[328]对江苏地区乳腺炎患病牛 287 份奶样进行检测，发现肺炎克雷伯菌的检出率为 55.05%；邓波等[344]采集上海地区的健康奶牛奶样，发现克雷伯氏菌分离率为 11.25%，乳腺炎患病牛奶样中克雷伯氏菌分离率为 70%；李田美[345]采集了陕西地区 3 个奶牛养殖场 126 份奶牛乳腺炎奶样，结果表明，肺炎克雷伯氏菌分离率为 6.28%。

（三）沙门氏菌

沙门氏菌（*Salmonella*）为两端钝圆的革兰氏阴性菌，无芽孢，一般无荚膜，除鸡白痢沙门氏菌和鸡伤寒沙门氏菌外，其他都有周身鞭毛。根据其抗原结构的不同，可分为 A、B、C、D、E 等 34 个组[346]。

Salmonella 是人兽共患病原菌，在感染成年奶牛后，可导致体温升高至 40～41℃，表现出精神沉郁、食欲减退、产奶量下降、呼吸困难、大多随后出现粪便带血，含有纤维状样的絮片，腹泻，有的 24 h 内死亡，有的病期延长[347]。孕牛感染后大多发生流产，犊牛感染后，常会出现不同严重程度的腹泻症状，黄白色粪便，或者黄色粥样粪便。*Salmonella* 不仅是奶牛乳腺炎和子宫内膜炎的主要致病菌，也是引起人类食源性疾病的重要病菌。*Salmonella* 在人和动物中具有广泛的宿主，很容易在动物与动物、动物与人、人与人之间直接或间接传播[348]。

张楠等[349]采集邯郸地区临床型奶牛乳腺炎奶样 31 份，进行病原菌分离鉴定，结果表明，共分离出沙门氏菌 8 株，分离率为 25.81%；任瑞雪[350]采集海南地区奶牛养殖场乳腺炎患病牛生鲜乳样品进行病原微生物分离鉴定，发现沙门氏菌的分离率为 0.95%；王小立[351]对河北地区保定、衡水、秦皇岛、张家口等地 135 份奶样进行分离鉴定，结果表明，分离出 3 株沙门氏菌，分离率为 2.22%。

第二节　葡萄球菌属的耐药性现状

细菌的耐药性是指菌体与抗生素多次接触后，对抗生素的敏感性下降甚至消失，导致抗生素对细菌病的治疗效果降低或无效。细菌耐药性的产生，是细菌本身对外界环境压力适应的结果。细菌一旦产生耐药性，耐药基因可以借助染色体和质粒在子代之间和菌体之间进行传播，进一步导致耐药菌株的流行，以及多重耐药菌株的出现。

一、金黄色葡萄球菌

中国细菌耐药监测网细菌耐药性监测统计显示，金黄色葡萄球菌对大部分抗菌药物的耐药率为逐年递增趋势。而目前奶牛乳腺炎的治疗主要为抗菌药物治疗，使用抗菌药物，可能导致生鲜乳中抗菌药物残留、耐药菌株不断出现，这给人类控制食源性疾病以及临床治疗带来很大的困难，因此研究乳源金黄色葡萄球菌的耐药性及其变迁情况非常重要。

研究发现，目前我国金黄色葡萄球菌对青霉素及其他类抗生素药物有极强的耐药性，且其耐药程度表现出地区差异性。欧阳喜光等[352]研究报道，金黄色葡萄球菌对常用抗菌药物表现的耐药性中，β-内酰胺类抗生素最为严重，甚至出现多重耐药；对新疆乌鲁木齐、伊犁和昌吉地区分离到金黄色葡萄球菌进行药敏试验研究，结果表明，金黄色葡萄球菌分离株对青霉素类中的青霉素 G 和 β-内酰胺类中的氨苄西林耐药率均高达 80%；对链霉素、头孢他啶和阿莫西林的耐药率较高，耐药率均为 60%；对红霉素的耐药率为 20%；对氧氟沙星、庆大霉素、头孢唑啉、四环素、复方新诺明、克林霉素、环丙沙星全部敏感[315,353]；李欣南等[354]对辽宁地区健康奶牛牛乳中金黄色葡萄球菌进行了连续 5 年的细菌耐药性监测，结果表明，分离获得的金黄色葡萄球菌对临床常用的多种抗生素有较高的耐药性，耐药性较高的几种常见抗生素依次为青霉素 94.12%～100%、磺胺异噁唑 50.00%～100%、红霉素 56.67%～94.12%，且耐药性呈现逐年上升趋势；对内蒙古地区奶牛养殖场开展的药敏试验结果表明，金黄色葡萄球菌对青霉素和氨苄西林的耐药率较高，耐药率分别为 81.0% 和 75.5%，与上述试验结果相一致[355]；但是另外一些研究表明，青霉素、苯唑西林和阿莫西林克拉维酸对金黄色葡萄球菌的 MIC_{50} 及 MIC_{90} 值近年来均为下降趋势，原因可能为养殖场近年来用药规范，且严格把控 β-内酰胺类药物的使用，耐药变迁趋势向好[356]。

对氟喹诺酮类抗菌药物和氨基糖苷类等药物耐药性的研究表明，2016—2020 年恩诺沙星和氧氟沙星对金黄色葡萄球菌的 MIC_{50} 值基本无改变，恩诺沙星 MIC_{90} 值自 2016 年后，由 2 μg/mL 下降至 0.5 μg/mL，近 4 年来基本无改变，氧氟沙星 MIC_{90} 值自 2016 年后，由 16 μg/mL 下降至 2 μg/mL，近 4 年来整体变化较小；2016—2020 年氨基糖苷类抗菌药物庆大霉素对金黄色葡萄球菌的 MIC_{50} 值均小于等于 1 μg/mL，MIC_{90} 值由 64 μg/mL 下降至 16 μg/mL；糖肽类抗菌药物万古霉素和唑烷酮类抗菌药物利奈唑胺对金黄色葡萄球菌的 MIC_{50} 值和 MIC_{90} 值 5 年来均基本无改变，未发现耐万古霉素的金黄色葡萄球菌[356]；对辽宁抚顺地区隐性乳腺炎奶牛金黄色葡萄球菌耐药性研究表明，分离株对磺胺类药物的复方新诺明和磺胺甲基异噁唑耐药率较高，分别为 71.1% 及 57.9%，其他耐药率相对较高的药物为庆大霉素、四环素及链霉素，耐药率分别为 52.6%、47.4% 及 44.7%，金黄色葡萄球菌对头孢菌素类及青霉素类药物敏感性相对较高，尤其是头孢菌素类（2.6%）[357]。

国外对金黄色葡萄球菌耐药性研究中，表现出与国内相似的研究结果，多是对青霉素和氨苄西林耐药。对科索沃奶牛养殖场的奶样葡萄球菌研究发现，奶牛在不同泌乳期和不同种间的细菌多样性存在差异[358]，不同种间的细菌对抗菌剂的敏感性不同，所有分离菌对阿莫西林-克拉维酸组合敏感，对林肯霉素的耐药性最常见（91.4%）[359]；大多数分离菌对两种或两种以上的抗生素耐药，对青霉素和氨苄西林（>65%）的耐药率最高，其次是四环素、苯唑西林、链霉素、氯霉素（>23%），而红霉素小于 3%[358-360]；对伊朗奶牛养殖场牛奶中金黄色葡萄球菌耐药性的研究表明，对青霉素 G（86%）和四环素的耐药率（76.7%）高[361]；另有研究表明，金黄色葡萄球菌对青霉素、氨苄青霉素、四环素、红霉素、复方新诺明、恩诺沙星和阿莫西林-克拉维酸的耐药率分别为 45.5%、39.3%、33.0%、26.8%、5.4%、0.9% 和 0.9%，所有分离菌均对万古霉素和庆大霉素敏感[362]；也有与上述不同的研究结果。对从新西兰和美国分离鉴定的非敏感金黄色葡萄球菌菌株的耐药率研究表明，对林可霉素的耐药率均较高，分别为 99.9%（新西兰）和 94.6%（美国），而对三种非异恶唑基青霉素（阿莫西林、氨苄西林和青霉素）的耐药率分别为 20.6%（新西兰）和 36.0%（美国）[359]；通过采集波兰东部乳腺炎患病牛的牛奶，研究金黄色葡萄球菌的耐药性，结果表明，对所用的 20 种抗生素（70%）敏感，其中，在 β-内酰胺类抗生素中观察到耐药率最高的是阿莫西林（17.9%）、氨苄青霉素（22.8%）、青霉素（23.6%）和链霉素（10.6%）[358,363]。

综上，我国乳源性金黄色葡萄球菌的耐药情况有所好转，细菌对抗菌药物的敏感性良好。这可能是在国家提出的减抗禁抗政策下，如 2015 年农业部发布 2292 号公告，决定在食品动物中停止使用洛美沙星、培氟沙星、氧氟沙星和诺氟沙星 4 种兽药；2017 年，农业部发布《全国遏制动物源细菌耐药行动计划（2017—2020年）》，抗生素乱用和滥用现象得到遏制。

二、耐甲氧西林金黄色葡萄球菌

自 20 世纪 40 年代青霉素问世后，金黄色葡萄球菌引起的感染受到一定控制，但随着青霉素的广泛使用，部分金黄色葡萄球菌能够产生青霉素酶，表现为对青霉素耐药，因此，专家研究出一种新的能耐青霉素酶的半合成青霉素，即甲氧西林（Methicillin）[364]，曾有效控制了金黄色葡萄球菌产酶株的感染，但不久后英国学者发现了耐甲氧西林金黄色葡萄球菌（Methicillin-resistant *Staphylococcus aureus*,

MRSA），其成为重要病原菌之一，抗生素应用危机更加严峻[365]。耐甲氧西林金黄色葡萄球菌是金黄色葡萄球菌中一类含有 *mecA* 基因及其相关基因的具有对青霉素酶稳定的耐青霉素类抗生素（甲氧西林）特性的金黄色葡萄球菌。*mecA* 基因是 MRSA 耐药决定基因，在其相关基因辅助作用下，MRSA 不断获得其他耐药基因，促进其多药耐药性的发展，最终使 MRSA 表现出多重耐药的特征，导致临床治疗 MRSA 愈加困难。MRSA 是潜在的超级耐药菌，并且耐药机制复杂，传播速度快，易引起暴发流行，导致病死率上升，已经成为全球临床治疗面临的最严重问题。随着兽药抗生素的滥用，耐甲氧西林葡萄球菌在食品及食品源动物中也开始广泛流行。1972 年，Devriese 等首次从奶牛乳腺炎患病牛乳头中分离出 MRSA，此后世界各地关于牛源 MRSA 被分离检测出的报道越来越多[366-369]。

白燕雨[370]采集了山西地区奶牛养殖小区和挤奶间的空气、圈舍围栏、奶牛鼻腔、肛门、乳头、饲料、粪便、挤奶器、牛乳以及小区外周居民区空气样本等，通过细菌分离、染色镜检、选择纯化培养、16S rRNA 保守序列分析、MRSA 表型鉴定等方法筛选 MRSA，并测定其对 14 种抗生素药物的敏感性和耐药分布。结果表明，在生鲜乳生产环节中采集样本 721 份，分离获得 184 株金黄色葡萄球菌，从 184 株金黄色葡萄球菌中鉴定出 MRSA 表型耐药菌株 94 株、*mecA* 基因阳性菌株 90 株，MRSA 检出率为 48.9%，其中牛场环境、用具及牛肛门检出率为 52.6% ~ 90%，挤奶间环境、用具及乳头检出率为 47.1% ~ 62.5%，牛乳检出率 32.9%，养殖场周边居民区空气检出率为 49.5%。进一步对各采样点 MRSA 表现不同程度的耐药性和多重耐药性进行分析，结果表明，对青霉素 G 的耐药情况最为严重，耐药率高达 95.6%，其次是利福平、克林霉素、呋喃妥因、红霉素，耐药率分别为 89%、86.8%、84.6%、80.2%，多重耐药率为 98.9%（89/90），多重耐药种数主要集中在 6 ~ 8 耐；刘君等[371]从新疆地区分离出 13 株牛源 MRSA，分离率为 20.1%。同年，姜慧娇等[372]从新疆昌吉、伊犁和石河子等 3 个奶牛养殖场分离出 30 株 MRSA，分离率为 22.4%，进一步开展的耐药性研究表明，MRSA 对青霉素（100%）、头孢西丁（86.4%）、四环素（77.3%）和克林霉素（77.3%）耐药率较高，对利福平（0%）和呋喃妥因（18.2%）耐药率较低；王登峰[373]对北京、山西、内蒙古、山东、新疆等地牛源金黄色葡萄球菌进行耐药性分析，共分离到 34 株 MRSA，分离率为 15.5%；王娟等[374]对山东、湖南、山西、重庆和内蒙古等地区生牛乳中共分离到 29 株 MRSA，分离率为 18.5%。

三、凝固酶阴性葡萄球菌

凝固酶阴性葡萄球菌（CNS）被认为是引起奶牛隐性乳腺炎的最主要病原菌，同时也引起临床型乳腺炎。研究报道，每年因感染凝固酶阴性葡萄球菌产生奶牛乳腺炎占乳腺炎发病率的 50% 以上，且 CNS 能够导致慢性长期的感染，进一步影响奶制品的质量和产量，如导致牛奶乳脂和乳蛋白下降，体细胞数升高等，给奶牛养殖业带来严重的经济损失。CNS 是环境性病原菌，因此奶牛场环境卫生和奶牛管理会影响到 CNS 的感染率。可通过产生物被膜黏附在挤奶设备、挤奶人员手上、奶牛皮肤上，进而定殖在乳腺内造成广泛传播。另外，近几年来，CNS 菌种还相继在乳源（奶牛、山羊、水牛）、食品源（大罐乳、酸奶、干酪、香肠等乳肉制品）及食品源动物（猪、鸡、牛）中被发现。与金黄色葡萄球菌相比，CNS 对抗生素的耐药性更高，并且很容易产生多重耐药性[375-377]。

孙垚[376]采集广东省 6 个奶牛场临床型和亚临床型乳腺炎乳汁样品 110 份，采用 PCR 方法对病原菌进行分离鉴定，进一步采用 K-B 药敏纸片法检测 CNS 的常用药物敏感性。结果表明，广东省奶牛乳腺炎是以 CNS 为主的混合感染所致（分离率为 83.3%）；CNS 对常用药物和消毒剂均有不同程度的抗性，并且存在多药耐药的现象。CNS 对链霉素、红霉素和青霉素 G 耐药性较高，耐药率分别为 50%、47.5% 和 42.5%，对苯唑西林、头孢曲松和头孢唑啉的耐药性较低，与王馨宇等[377]报道的结果相似。Frey 等[378]研究表明，葡萄球菌易对氨基糖苷类和大环内酯类药物产生耐药性，链霉素为氨基糖苷类抗生素，红霉素为大环内酯类抗生素，而本试验 CNS 检测到的多重耐药性中，链霉素和红霉素与头孢曲松和头孢唑啉交叉耐药性低，可以在早期使用红霉素后再使用头孢曲松和头孢唑啉进行治疗。青霉素 G 的耐药性普遍比较高，可能由于奶场不合理用药导致，如部分地区将青霉素类药物作为奶牛干奶期封闭乳头使用[379]；杨淑华等[380]报道辽宁地区患乳腺炎奶牛中分离的葡萄球菌对青霉素完全耐药，对头孢唑林和庆大霉素耐药性较低；王凤等[381]报道北京、河南、天津及广西地区患乳腺炎奶牛中分离的葡萄球菌对青霉素和氨苄西林的耐药性高，对恩诺沙星耐药性低；王桂琴等[382]报道宁夏地区患乳腺炎奶牛中分离的葡萄球菌对红霉素、克林霉素、青霉素、头孢唑林和氨苄西林的耐药性较高，对万古霉素的耐药率低；许女等[383]研究表明，CNS 菌株对红霉素（84%）、阿奇霉素（36%）、螺旋霉素（60%）、克林霉素（92%）都有不同程度的耐药性，大大高于 Frey 等的报道结果（10% 以下）。

对耐药基因的研究表明，20% CNS 菌株检测到喹诺酮耐药基因 qnrA、qnrB、qnrC 和 qnrD。10% 的 CNS 菌株分别检测到氨基糖苷类基因 aac6-aph2 和 β-内酰胺类基因 blaz。检测到的耐药基因型共有 8 种。最多的基因型为 qnr D，其中 22.5% 携带一种耐药基因，有 2.5% 分别携带 2 种、3 种和 4 种耐药基因。CNS 耐消毒剂基因检测中发现，有 32.5% 存在耐消毒剂基因，其中耐消毒剂基因检测率最高的为 qacG，占 25%。检测到的耐消毒剂基因型共有 4 种，最多的基因型为 qacG，占 10%，其中有 27.5% 携带一种耐消毒剂基因，有 2.5% 携带 2 种耐消毒剂基因。可见，CNS 对消毒剂也具有耐药性[376]；Sampimon 等[384]对荷兰奶牛场乳腺炎研究显示，CNS 菌分离出 170 株，进一步对其耐药基因检测结果表明，91% 的菌株含有多重耐药基因；与此相反，Chajecka-Wierzchowska 等[385] 和 Ruaro 等[386] 分别对波兰和意大利北部生牛乳 CNS 菌的研究表明，携带多重耐药基因的菌株只有 32.2% 和 0%，其中 *tetM* 和 *tetK* 基因的携带率最高，分别为 21% 和 10%。推测可能是因样品的种类和地域不同所致。

第三节　大肠杆菌的耐药性现状

大肠杆菌属于革兰氏阴性菌，是引起严重腹泻和败血症的主要病原菌，同时也是引起奶牛乳腺炎的主要致病菌。其可通过粪便、水、土壤以及饲料等传播，是人和动物常见的食源性病原菌。操作人员不正确的挤奶方式很容易成为大肠杆菌的传播介质，在症状严重的大肠杆菌性乳腺炎病例中，牛奶中的细菌数量有可能上升到无法控制的水平，从而导致菌血症的发生。此外，大肠杆菌入侵乳房不仅会引发乳腺炎，导致产奶量和乳品质下降，甚至可能引起牛乳房的化脓性坏死，永久失去泌乳功能。大肠杆菌引发的乳腺炎多为急性乳腺炎，临床症状明显，治愈率低，给养殖业带来巨大的经济损失。饲养环境潮湿、卫生条件差都会使养殖场环境中的大肠杆菌大量繁殖，进而提高奶牛发生乳腺炎的风险。

研究表明，奶牛养殖场分离的大肠杆菌耐药性比较严重。宋淑英[357] 采用纸片法研究了抚顺地区奶牛养殖场病原菌分离株对临床常用 20 种抗菌药物的耐药性。结果显示，分离到 31 株大肠杆菌，其对磺胺类药物表现出高度耐药，对头孢菌素类药物敏感性较高，且病原菌多重耐药现象较为严重；石润佳等[387] 对华北地区奶牛养殖场病原菌耐药性研究表明，大肠杆菌分离株表现出高度耐药和多重耐药。分离株对至少 4 种抗生素产生耐药性，最多耐药 19 种，耐药 5 种以上的菌株较多（58.82%）；针对单一抗生素，分离菌株对青霉素、苯唑西林、林可霉素 3 种药物耐药率高达 100%。针对不同种类抗生素，大肠杆菌分离株对 β-内酰胺类药物和林可酰胺类药物的耐药率分别为 55.15% 和 61.76%，均超过半数；张雪婧等[388] 对甘肃地区奶牛养殖场病原微生物耐药性研究表明，与其他分离出的病原菌相比，大肠杆菌耐药性数量最多，为 59.85%，通过对样品进行 10 类药物筛选耐药菌结果显示，耐药率为前 3 位的分别是糖肽类（11.13%）、四环素类和磺胺类（10.98%）及 β-内酰胺类和氨基糖苷类（10.23%）；对杭州地区奶牛场乳源大肠杆菌耐药性研究表明，分离菌对林可霉素、恩诺沙星、链霉素的耐药率分别为 86.7%、85.7% 和 51.0%，多重耐药严重[389]；刘欣彤等[390] 从全国 11 个重点区域 52 个规模化奶牛养殖场采集 2 309 份奶样，通过对 687 株大肠杆菌进行 18 种抗菌药物的敏感性试验分析，结果表明大肠杆菌对临床上使用的抗菌药物均产生了不同程度的耐药，尤其对氨苄西林、链霉素及多西环素的耐受性最高，其可能是由于该奶牛场长期使用上述常规抗生素或此菌株由牛场外传入引起奶牛发病。具体研究结果如下：在样品采集的 11 个奶牛重点养殖区域中，上海、贵阳、宁夏 3 个地区奶牛源大肠杆菌耐药性最严重，上海地区奶牛养殖场大肠杆菌对氨苄西林耐药率高达 88.89%，其次是贵阳为 58.82%。京津冀地区以 β－内酰胺类药物（氨苄西林 49.08%、头孢曲松 32.07%、头孢噻肟 27.73%）、链霉素（22.84%）、多西环素（23.47%）和氯霉素类（7.33%）耐药为主，在这 3 个区域中，天津地区大肠杆菌耐药最严重（氨苄西林耐药高达 80.65%），其次是河北地区奶牛养殖场，北京地区奶牛养殖场最轻，河北地区阿米卡星耐药率为 5.71%。辽宁和吉林地区牛奶源大肠杆菌耐药谱相似，耐药率最高的 5 类药物均为氨苄西林（30.82%）、头孢曲松（25.40%）、头孢噻肟（23.54%）、链霉素（20.14%）和多西环素（16.41%）。山东地区牛奶源大肠杆菌对临床 18 种抗菌药物耐药率较低，耐药率最高为环丙沙星，仅 20.00%，其次是氨苄西林（17.50）和恩诺沙星（15.00%）；成都区域对牛奶源大肠杆菌耐药率最高的几类药物分别是链霉素（26.92%）、氨苄西林（19.23%）和庆大霉素（17.31%），其中头孢西丁耐药程度在 11 个区域中最高，达到 13.46%，高于上海地区 11.11% 和贵阳地区 10.00%。新疆石河子地区 11 个地区奶牛牧场中，耐药率最低，介于 0%~14.29%，链霉素耐药率最高（14.29%），远低于上海（44.44%）、宁夏（37.50%）、吉林（29.17）和天津（29.03%）地区的耐药率。碳青霉烯类（亚胺培南、美罗培南）和多黏菌素类药物在 11 个地区牛奶源大肠杆菌中均未检测到耐药性［北京地区的多黏菌素（0.76%）除外］。氨基糖苷类药物的阿米卡星和安普霉素除个别牧场外（河北地区阿米卡星 5.71%、宁夏地区安普霉素 6.25%），均处于极低耐药水平，极低于同类药物的庆大霉素、新霉素和链霉素的耐药率；Pipoz 等[391]研究表明，55.3% 的大肠杆菌分离菌对四环素类耐药，55.3% 对磺胺类药物耐药，39.3% 对 β 内酰胺类耐药，30.3% 对氨基糖苷类耐药，8.9% 对氟喹诺酮类耐药，3.5% 对第三代头孢霉素耐药。

第四节　蜡样芽孢杆菌的耐药性现状

蜡样芽孢杆菌（*B. cereus*）是一种好氧或兼性厌氧革兰氏阳性菌，可通过鞭毛蠕动实现运动；在外观上呈现出直或稍弯曲的形态，末端为方形，可形成链，大小为 1μm×（3~4）μm。蜡样芽孢杆菌生长所需的 pH 值范围为 4.9~9.3，温度范围为 4~48℃，并且可在 NaCl 浓度高达 7% 的培养基中生长。蜡样芽孢杆菌的菌株具有以下生化特征的酶：过氧化氢酶（+），葡萄糖发酵（+），Voges－Proskauer（+），根状茎生长（－），绵羊血液溶血（+），晶体产生（－），运动性（+/－），将硝酸盐还原为亚硝酸盐（+/−）与人类关系密切是引起食物中毒，中毒者症状为腹痛、呕吐腹泻[392,393]。蜡样芽孢杆菌能形成孢子，抵抗高温、脱水和辐射等不利环境条件，这些特性使其在环境中普遍存在。

　　Giffel 等[393]收集了荷兰家用冰箱中的 334 个巴氏杀菌低脂乳样品，其中在 133 份（40%）样本中检出 B. cereus，共分离出 143 株蜡样芽孢杆菌；张红芝等[394]对上海市食品中分离的蜡样芽孢杆菌进行耐药性研究，结果表明，分离到的 37 株蜡样芽孢杆菌对氨苄西林、青霉素和苯唑西林耐药性较高，与其携带耐药基因种类也不完全一致；Gao 等[395]首次对国内巴氏杀菌乳中的蜡样芽孢杆菌的流行率、污染水平、毒力基因、耐药性进行了探究，自 2011 年 7 月到 2016 年 5 月在国内主要城市分为 3 个阶段进行样品采集，第一阶段主要针对中国南部城市，第二阶段包括中国北部 6 个城市，第三次是中国其他 15 个城市（香港、广州、深圳、哈尔滨、南京等），共收集了 276 份巴氏杀菌牛奶样本，在 70 个（27%）样本检出蜡样芽孢杆菌，平均污染水平为 111 MPN/g；这些研究结果揭示了蜡样芽孢杆菌对奶产品具有潜在的高风险；张艳等[396]对黑龙江地区奶牛养殖场中奶牛乳腺炎患病牛乳中病原微生物进行分离鉴定和药敏试验分析，结果发现，共分离到 4 种病原菌，分别为大肠杆菌、金黄色葡萄球菌、肺炎克雷伯菌和蜡样芽孢杆菌，其中蜡样芽孢杆菌对新霉素、庆大霉素、环丙沙星、卡那霉素和左氧氟沙星高度敏感。易华山等[397]采集重庆地区奶牛场乳腺炎患牛奶样，对分离到的蜡样芽孢杆菌采用 KB 法开展药敏试验，结果表明，分离株对青霉素 G、红霉素、苯唑西林、四环素、克拉霉素、环丙沙星、左氧氟沙星等极度敏感，对大观霉素、万古霉素、多黏菌素 B 耐药。

第五节　链球菌属的耐药性现状

一、无乳链球菌

　　无乳链球菌又称为 B 族链球菌，属于革兰氏阳性菌，是一类致病性较强的病原菌。近年来，无乳链球菌的感染率不断增加。国内学者研究结果表明，无乳链球菌在奶牛乳腺炎乳汁中的分离率高达 38.61%。随着各个养殖场在治疗过程抗菌药物的广泛使用，目前已经出现了对青霉素、氨苄西林、万古霉素耐药的无乳链球菌菌株，对奶牛健康产生较大的危害，严重时会产生死胎现象[398]。无乳链球菌的致病性主要是由毒力因子以及表面蛋白而引起。目前已有至少 19 种毒力因子与无乳链球菌的致病性有关，发现和检测的基因还有 pavA、iagA、PI−2b、gapc、glnA、ditA、Pi−1、Pi−2A、cpsB、cpsC、cpsE、scaA 等 30 种[399]。表 5−1 列举了无乳链球菌的致病机制及其致病因子和相关基因[400-406]。

表 5-1　无乳链球菌的致病机制及其致病因子和相关基因

致病机制	致病因子	相关基因
细胞黏附与定殖	纤维蛋白原结合蛋白 A	*fbsA*
	纤维蛋白原结合蛋白 B	*fbsB*
	C5a 肽酶	*scpB*
	黏连蛋白结合蛋白	*Lmb*
	细菌免疫原性黏附素基因	*bibA*
	丝氨酸富集重复蛋白	*srr*
侵袭	β-溶血素	*cylE*
	蛋白酶的抗性赋予保护性免疫力	*rib*
	透明质酸盐裂解酶	*hylB*
	a-C 蛋白基因	*bca*
	CAMP 因子	*cfb*
	侵袭相关	*iagA*
免疫逃避	荚膜合成及细胞壁相关因子	*cpsA*
	β-C 蛋白基因	*bac*
	表面免疫原性蛋白	*sip*
	超氧化物歧化酶	*sodA*
其他	表面定位蛋白	*spb*1
	调节蛋白	*ditR*
	唾液酸酶	*neul*
	青霉素结合蛋白	*ponA*

　　根据对无乳链球菌耐药性检测结果的相关研究显示，大多数研究针对青霉素、四环素、红霉素、林可霉素以及氧氟沙星等药物开展耐药性分析。对于不同种类的药物而言，无乳链球菌的耐药性不同，不同地区分离的无乳链球菌对于药物的耐药程度也有所不同。Minami 等[407]研究表明，无乳链球菌对氧氟沙星、环丙沙星和庆大霉素的敏感性较高，对阿莫西林和多西环素的耐药性较强；而 Singh 等[408]研究表明，无乳链球菌对左氧氟沙星具有一定的耐药性，这与 Minami 等研究有所不同，这可能是因为无乳链球菌的来源不同而导致研究结果存在差异。此外，尹欣悦等[409]采集石河子地区奶牛养殖场乳腺炎临床患病牛乳，对其中病原菌感染情况及耐药性进行了研究。结果表明，分离菌株对万古霉素、环丙沙星、替考拉宁、哌拉西林、诺氟沙星、新霉素、头孢噻肟高度敏感，对青霉素、苯唑西林、阿莫西林、链霉素、红霉素、四环素耐药；谢径峰等[410]对福州地区无乳链球菌耐药性的研究表明，其主要对大环内酯类、林可霉素类以及四环素类抗菌药产生普遍抗性，对喹诺酮类抗生素表现出较高的抗药性，对糖肽类、青霉素类和头孢菌素类抗生素敏感。表 5-2 显示了近 5 年不同地区无乳链球菌耐药性情况[411-419]。

表5-2　国内近5年不同地区无乳链球菌耐药性统计

（%）

地区	β-内酰胺类		磺胺类		四环素类		大环内酯类	林可胺类		喹诺酮类			氨基糖苷类		
	青霉素	氨苄西林	复方新诺明	磺胺异恶唑	多西环素	四环素	红霉素	林可霉素	克林霉素	环丙沙星	诺氟沙星	氧氟沙星	链霉素	庆大霉素	卡那霉素
内蒙古	54.2	63.6	—	—	—	—	—	—	—	50	54.5	50	54.6	50	—
甘肃	63.64	—	—	—	—	34.55	29.09	—	34.55	—	—	—	—	—	—
浙江	—	—	—	—	—	86.44	73.73	—	49.15	—	—	40.68	—	—	—
新疆	—	—	—	—	—	72.85	77.46	—	50.94	—	—	54.30	—	—	—
上海	—	—	—	—	—	84.4	63.6	—	29.9	—	—	24.7	—	—	—
福州	23.33	—	86.67	—	10.00	—	20.00	—	—	—	—	6.67	—	—	—
云南	100	82.3	—	47.1	—	94.1	94.1	94.1	94.1	—	94.1	—	—	23.5	17.6
广东	0.9	—	—	—	—	83.1	71.8	—	60.5	—	—	22.8	—	—	—
广西	19.01	—	—	—	—	34.71	26.45	—	25.62	—	—	38.02	100	100	99.17
海南	100	59	—	—	—	0	66.7	—	—	47.93	—	—	—	—	—

无乳链球菌耐四环素的基因 *tetM*、*tetO*、*tetK* 的检出率较高，其检出率可达 50% 以上，*tetM* 的检出率为 29.6%。此外，耐红霉素的基因 *ermA*、*ermB*、*ermC* 的检出率较高，最高检出率可达 80% 以上。无乳链球菌对抗菌药物的耐药表型主要集中在大环内酯类（红霉素）、林可霉素类（克林霉素）、四环素类及氟喹诺酮类的研究。对于无乳链球菌对于红霉素和克林霉素的耐药机制为主动外排泵、核糖体靶位改变及灭活酶的产生；对于氟喹诺酮类的耐药机制为自身靶位 DNA 促旋酶和拓扑异构酶 IV 的改变；四环素类耐药机制为阻止酰胺 tRNA 与核糖体结合位点结合。根据近年来大多数研究结果显示，耐药性与相关耐药基因的携带有密切联系，有研究证实 *tetM* 基因与结合转座子 Tn916 有显著的相关性，无乳链球菌菌株对四环素耐药主要可能与细菌存在结合转座子 Tn916 有关。赵丽琴等[404]研究结果表明，*gvrA*（ser81/leu）基因发生突变会引起喹诺酮类药物的耐药水平降低，若 *gvrA*（ser81/leu）基因和 *parC*（ser79/Tyr）基因共同改变则会引起耐药水平较高，并且耐药强度与突变位点数成正比。蒋斓等[415]检测共发现了 5 种耐药基因组合，这表明了耐药性和耐药基因之间存在一定的关联。

二、乳房链球菌

乳房链球菌（*Streptococcus uberis*）属于革兰氏阳性环境性病原菌，通常寄生于奶牛乳房、皮肤表面、生殖道和扁桃体等各个部位。牛床垫料当中也能分离到大量乳房链球菌，这也是造成舍饲奶牛乳腺组织内感染的主要来源。初步研究表明，乳房链球菌的感染具有菌株特异性，比如，乳房链球菌在乳房内感染持续的时间不一样，在宿主间的传播能力也是不同的[420]。

乳房链球菌的感染在世界各地都很常见，国内外很多地区都有较高的乳房链球菌分离率和耐药性。王慧等[421]采样研究了湖南地区奶牛场隐性乳腺炎发病牛病原菌感染和耐药情况，结果表明，采集的 52 份样品中分离出 8 株链球菌，其中乳房链球菌 4 株。药敏试验结果显示，分离到的 8 株链球菌整体耐药率不高，每株细菌均能筛选出 3 种以上的敏感药物。从整体上看对链霉素、庆大霉素、诺氟沙星耐药率最高，对链霉素耐药率为 100%、对庆大霉素耐药率为 87.5%、对诺氟沙星耐药率为 62.5%；对氨苄西林、头孢拉定、万古霉素耐药率为 0%，对阿奇霉素、四环素耐药率为 37.5%；耐药基因检测显示大环内酯类耐药基因 *ermB*、喹诺酮类耐药基因 *gyrA* 和 *ParC* 检出率最高，与细菌耐药谱相关性不强；王玮[422]基于代表性和可行性原则选取我国 5 个省的 15 个牛群作为采样单位，对乳中病原微生物及其耐药性进行研究。结果表明，乳区阳性率为 14%~41%，阳性牛以单一乳区的感染最为常见，阳性率为 48.3%（256/530）。抗生素使用情况调查结果显示，防治乳腺炎是抗生素使用最常见的原因，治疗用抗生素种类主要包括青霉素、链霉素、头孢噻呋、林可霉素、环丙沙星，干奶期使用的抗生素主要为氨苄西林和盐酸氯唑西林的混剂或苄星氯唑西林。本研究共采集乳区奶样 748 份，其中隐性乳腺炎奶样 527 份、正常奶样 142 份、临床型乳腺炎奶样 79 份。447 份样品微生物检测阳性，正常奶样、隐性乳腺炎奶样和临床型乳腺炎奶样的阳性率分别为 40.7%、69.9%、66.2%，共分离出微生物 568 株，其中乳房链球菌 12 株，耐药率为 90%，多重耐药率为 33.3%。其中，对四环素耐药率最高为 85.6%，其次为克林霉素 43.3%、红霉素 33.3%、氧氟沙星 10%，所有菌株对青霉素、头孢噻肟、万古霉素、氯霉素均敏感；孙亚琼[423]对我国山东、河北、河南、黑龙江、甘肃、贵州、宁夏以及内蒙古 8 个省（自治区）的 17 个规模化牧场 415 份临床乳腺炎奶样进行病原微生物分离鉴定及耐药性研究，结果表明，共获得 53 株乳房链球菌，临床分离率为 12.8%。进一步采用多位点序列分析（Multi-locus sequence typing，MLST）法对分离的 53 株乳房链球菌进行基因分型，分析我国不同地区奶牛乳腺炎性乳房链球菌的分子流行病学特点。结果表明，获得奶牛乳腺炎性乳房链球菌 24 个 ST 型，其中 3 个 ST 型为乳房链球菌基因库已公布的 ST 型（ST121、ST241、ST1283），其余 21 个 ST 型均为新的 ST 型；在此基础上，选择四环素类、大环内酯类、β-内酰胺类、头孢类、林可霉素类、青霉素类及氨基糖苷类七大类，共 7 种动物临床常用抗生素，包括四环素、红霉素、青霉素、头孢曲松、头孢噻肟、克林霉素、卡那霉素，另外选择 1 种人医临床常用于治疗链球菌的药物美罗培南进行乳房链球菌分离株药敏试验。MIC 试验结果表明，乳房链球菌对选择的抗生素药物出现了不同程度的耐药，耐药率从高到低分别为青霉素（47.2%）、红霉素（41.5%）、四环素（39.6%）、美罗培南（33.9%）、克林霉素（32.2%）、头孢噻肟（28.3%）及头孢曲松（26.4%）。对各分离株进行主要耐药基因检测，结果表明，所有菌株均检测出 *blaTEM*-89 基因和 *Aph*-3′基因，有 20 株乳房链球菌分离株检测出 *tetS* 基因，其次是 *ermB*、*ermA*、*tetO*、*tetL*、*tetM* 和 *tetT*，分别为 9 株、8 株、4 株、3 株、3 株和 2 株，只有 1 株检测出 *tetW* 基因；对加拿大、美国、荷兰和英国的调查研究表明，所有临床奶牛乳腺炎病例中乳房链球菌性奶牛乳腺炎所占比例为 14%~26%；英国乳房链球菌性奶牛乳腺炎的分离率高达 33%[424]；在像新西兰和澳大利亚这种乳制品行业发达的国家，奶牛乳腺炎病例中分离出的最多的病原菌也是乳房链球菌[425,426]。

三、停乳链球菌

停乳链球菌（*Streptococcus dysgalactiae*）属于兰斯菲尔德 C 群 α-溶血性革兰氏阳性菌，是一类环境性致病菌，可以从感染的牛乳腺和损伤乳房中分离得到。停乳链球菌在显微镜下观察呈圆形或卵圆形，直径大小为 0.5~1.0 μm，单个、成双或排列呈短链状，无荚膜包裹。该菌在普通培养基上几乎不生长，在血琼脂平板上培养时菌落呈圆形光滑突起，且具有 α-溶血环。在含有血清肉汤培养基中，培养前期呈均匀浑浊，后期呈絮状沉淀在瓶底，上清液透明。停乳链球菌是引起奶牛乳腺炎的主要病原菌之一，占乳腺炎发病率的30%~50%，该菌主要寄生于乳房及乳腺基部，通过挤奶环节感染，难以清除，给世界奶牛养殖业带来了巨大的危害和损失[427,428]。

对停乳链球菌的流行情况及耐药性，不同研究结果不同。张楠楠[429]对上海光明奶牛养殖场停乳链球菌的耐药性研究表明，其对四环素和链霉素耐药，对阿莫西林、头孢噻肟、环丙沙星、庆大霉素和恩诺沙星敏感，且对四环素、阿莫西林、卡那霉素、链霉素和青霉素的敏感性存在较大差异；李明[430]采集新疆地区规模化奶牛场生鲜乳110份，对病原微生物进行分离鉴定及耐药性分析。结果表明，停乳链球菌分离率为2.73%，对青霉素类和头孢类抗生素、红霉素、克林霉素、庆大霉素、氟苯尼考、利福昔明、万古霉素、环丙沙星、复方新诺明都敏感，对磺胺异噁唑中度敏感，对多西环素中度耐药；胡宏伟等[431]对甘肃地区奶牛场的323份乳腺炎乳样进行病原微生物分离鉴定。结果表明，共分离出216株停乳链球菌，分离率为66.9%。进一步选用临床常用的10种抗生素对分离株进行药敏试验，结果表明：停乳链球菌对青霉素、四环素、红霉素表现出明显的耐药性，其耐药率分别为71.30%、59.26%、52.78%，而对左氧氟沙星、万古霉素、庆大霉素、甲砜霉素高度敏感，其敏感率分别为76.39%、73.61%、65.74%、64.35%；谢玉杰[432]采集宁夏地区的227份临床乳腺炎病例奶样，通过对病原微生物分离鉴定。结果表明，停乳链球菌分离率为14.5%（33/227）；王慧辉等[433]对停乳链球菌的耐药性研究表明，其对羧苄西林、链霉素和卡那霉素耐药；Zhang等[434]研究了我国14个省74个奶牛养殖场的1 180例临床乳腺炎奶牛的奶样。药敏试验研究表明，耐药性最高的抗菌药物为卡那霉素（89.8%）和磺胺（83.0%），其次为链霉素（58.0%）、红霉素（47.7%）和四环素（33.0%）。在携带 blaTEM 或 blaIMP 基因的停乳链球菌分离株中，对头孢氨苄的表型耐药率高于对头孢曲松的表型耐药率。此外，头孢曲松和头孢氨苄的 MIC50 和 MIC90 值最低，分别为 0.06 μg/mL、4 μg/mL 和 0.5 μg/mL、8 μg/mL，而卡那霉素、链霉素和磺酰胺的 MIC50 和 MIC90 值最高，分别为 64 μg/mL 和 128 μg/mL[435]。

四、嗜热链球菌

嗜热链球菌（*Streptococcus thermophilus*）是一种乳酸菌（Lactobacillus，LAB），LAB 是一类发酵糖类产生大量乳酸的无芽孢、革兰氏染色阳性的细菌统称，广泛分布于人体和动物的肠道及自然界中[436]。*S. thermophilus* 是酸奶等发酵奶制品中最重要的发酵菌株，如酸奶、类似酸奶的发酵奶，以及一些意大利和瑞士奶酪。在奶制品发酵过程中，嗜热链球菌能迅速将乳糖转化为乳酸，赋予乳酸一种新鲜的酸性风味，并有助于抑制酸敏感病原体和腐败微生物的生长[437]。*S. thermophilus* 在传统奶制品的生产和成熟过程中占主导地位，具有很高的经济价值，是公认的益生菌，对人体健康有许多积极功效。$S.$ $thermophilus$ 菌株的快速生长能力、产酸、代谢乳糖、合成胞外多糖（EPS）、产细菌素及风味物质等生产特性，直接关系到发酵奶制品的品质。

乳酸菌作为传统发酵剂已经有上百年的历史，大家一直认为其不存在耐药性等风险隐患。但随着人们发现微生物携带的耐药基因可借助质粒、转座子、整合子等可移动的遗传物质在致病菌和非致病菌之间发生水平转移[438]，相关研究发现，在酸奶和其他发酵食品中检测到了乳酸菌携带红霉素、四环素和庆大霉素的耐药基因[439-442]，且耐药基因可在不同菌株间发生转移[443,444]。王海清等[445]对嗜热链球菌耐药性研究表明，经氨苄青霉素、硫酸庆大霉素和氯霉素低浓度（$1.0×10^{-10}$ ~ $1.0×10^{-4}$ mg/mL）耐药诱导培养后表现出耐药，说明长时间接触低浓度抗生素会导致嗜热链球菌产生耐药性。

第六节　肠球菌属的耐药性现状

一、粪肠球菌

粪肠球菌（$Enterococcus$ $faecalis$）是引起牛乳腺炎的重要环境致病菌，研究报道，粪肠球菌通常被认为是致病性或潜在致病性细菌的耐药基因贮藏库[441]。研究报道，粪肠球菌对红霉素（79.0%）、四环素（87.7%）、奎诺普汀/达福普汀（23.5%）、利福平（18.5%）、氯霉素（14.8%）和环丙沙星（11.1%）具有耐药性，18.5%发现多重耐药[447]；张好等[448]对近五年采集的粪肠球菌进行10种常见抗菌药物敏感性试验。结果表明，458株粪肠球菌对头孢西丁、头孢噻呋及氧氟沙星耐药率较高（均高于60%），对青霉素、阿莫西林/克拉维酸及万古霉素的耐药率较低（均低于11%）。五年间，粪肠球菌对阿莫西林/克拉维酸、氧氟沙星的MIC50及MIC90均呈下降趋势。粪肠球菌最常见的耐药基因是 $tetK$、$tetL$ 和 $tetM$，对四环素的耐药基因是 $tetK$，对红霉素的耐药基因是 $ermC$。$gelE$、esp 和 $efaA$ 是粪肠球菌分离株的主要毒力基因。$gelE$ 基因负责明胶酶的产生，明胶酶是一种金属蛋白酶，可以水解酪蛋白、血红蛋白、胰岛素、纤维蛋白原、胶原蛋白、明胶以及各种蛋白质或多肽。esp 和 $efaA$ 基因有助于肠球菌在感染中的定植和持续。此外，据报道，esp 基因的存在与肠球菌的生物膜形成高度相关。

二、屎肠球菌

屎肠球菌（$Enterococcus$ $faecium$）可导致动物的许多感染，如心内膜炎、败血症、犊牛腹泻等，给养殖业带来经济损失。屎肠球菌检出率占据革兰氏阳性菌的第五位（9.2%）。

屎肠球菌的耐药性分为固有耐药性和获得耐药性两个方面。固有耐药性表现为以下两方面，一是细胞壁较厚，因此对许多抗生素表现固有耐药；二是对内酰胺类和氨基糖苷类药物呈低水平天然耐药。获得耐药性一般是通过质粒、转座子等方式来获取新的耐药性。如肠球菌对大环内酯类、四环素类及糖肽类药物产生耐药性，大多是因为质粒或转座子等发生突变而引起[449]。研究报道，283 株屎肠球菌对头孢西丁、头孢噻呋及氧氟沙星耐药率较高（均高于 60%），对青霉素、阿莫西林/克拉维酸及万古霉素的耐药率较低（均低于 11%），屎肠球菌对阿莫西林/克拉维酸、头孢西丁及氟苯尼考的 MIC50 及 MIC90 均呈下降趋势[448]。

三、耐万古霉素肠球菌

自 20 世纪 80 年代首次报道耐万古霉素肠球菌（Vancomycin resistant Enterococci，VRE）以来，肠球菌从"普遍认为安全"的细菌发展为重要的病原体，并且由于 VRE 能够在物体表面长期存在，其传播越来越难控制。中国 VRE 感染的病原体中 74% 为屎肠球菌，VRE 引起血液感染的病原体中 20% 为粪肠球菌。VRE 分离株不仅显示出对万古霉素的耐药性，还对氨苄西林、左氧氟沙星和庆大霉素有很高的耐药性。VRE 一般是由于菌株携带 5~7 个基因构成的基因簇介导对万古霉素耐药，目前，万古霉素耐药基因型被分为 vanA、vanB、vanC、vanD、vanE、vanF、vanG、vanL 和 vanM 这 9 种。vanA、vanB、vanD 型可产生一组连接酶，该酶导致合成 D-丙氨酰-D-乳酸取代正常的细胞壁肽聚糖末端的 D-丙氨酰-D-丙氨酸，使万古霉素不能与其靶位结合，造成细菌对万古霉素高水平耐药。vanE、vanG 和 vanL 基因则导致合成 D-丙氨酰-D-丝氨酸取代正常细胞壁的结构，介导对万古霉素的低水平耐药。其中 vanF 基因仅在类芽孢杆菌中检出，vanA 基因仅在耐万古霉素的金黄色葡萄球菌中检出。不同的基因型结构大致相仿，但基因编码蛋白的氨基酸序列有差异，且基因簇中的基因组成及排序不同，因此同源性在 60%~80%，常见的耐药表型主要有 vanA、vanB 和 vanC 3 种。王婧婧等[450]对耐万古霉素的 80 株屎肠球菌和 12 株粪肠球菌进行药敏试验研究。结果表明，屎肠球菌和粪肠球菌对万方霉素的耐药率均为 100%，对氨苄西林的耐药率分别为 97.5% 和 50.0%，但对呋喃妥因的耐药率较低。92 株 VRE 对万古霉素和替考拉宁的 MIC 分别为 192~256 μg/mL 和 32~256 μg/mL，均为 vanA 表型；92 株 VRE 基因型均为 vanA，以 esp 毒力基因所占比例最高（82.5%）；屎肠球菌以 esp-hyl 基因组合最常见，粪肠球菌以多基因组合为主；通过 Tn1546 基因转座子结构分析可分为 A~E 5 个型别；92 株 VRE 的 MLST 包括 7 个 ST 型别，分别为 ST17（43.5%）、ST78（32.6%）、ST203（6.5%）、ST363（5.4%）、ST555（4.3%）、ST1392

（4.3%）和 ST1394（3.4%），其中 ST17 和 ST78 均属于 CC17 克隆复合体。

第七节　其他细菌的耐药性现状

一、生鲜乳中其他有害细菌耐药性

（一）单核细胞增生李斯特菌

单核细胞增生李斯特菌，简称单增李斯特菌（*Listeria monocytogenes*），是影响公共卫生安全的重要食源性病原菌之一。单增李斯特菌作为一种治疗难度较大的胞内寄生菌，在感染过程中有多种毒力基因参与作用，其毒力水平取决于其分泌和调控毒力因子的能力。食源性单增李斯特菌对常见抗生素的耐药水平普遍偏高，几乎半数以上的菌株具有多重耐药性。单增李斯特菌日趋严重的耐药现象是导致李斯特氏菌病治疗难度不断增大的原因之一。

生鲜乳中单增李斯特菌检出率为 3.36%，其中牦牛乳检出率最高（20%），其次是荷斯坦牛乳（2.13%）。单增李斯特菌对青霉素、四环素、复方新诺明和红霉素的耐药率分别为 100%、87.5%、75% 和 50%。根据云南省牛乳中单增李斯特菌耐药性研究，12.5% 的菌株有单一耐药性；12.5% 的菌株具有双重耐药性。其余为多重耐药菌株，占 75%。多重耐药菌株又分三重耐药和四重耐药两种耐药谱，其中，四重耐药菌株占比最高（50%），为优势耐药谱。从耐药谱来看，乳源单增李斯特菌对青霉素和四环素具有较强的耐药性[451]。

（二）沙门氏菌

沙门氏菌（*Salmonella*）是一种在公共卫生学上具有重要意义的人兽共患病原菌。中国疾病预防控制中心报告的 2007 年全国微生物引起食物中毒数据显示，由沙门氏菌引起的发病人数比例达 13.8%，居于首位。目前，兽医临床上治疗细菌性疾病以抗生素为主，且随着畜牧业的不断发展，抗生素使用量的不断增多，沙门氏菌与其他多数细菌一样，耐药性也在进一步加强，还出现了多重耐药性。段晋伟[452]采集山西地区奶牛养殖区内外环境空气、挤奶间空气、牛鼻腔、圈舍围栏、牛肛门、挤奶器械、牛乳头、牛乳、饲料和粪便样本，对其中沙门氏菌进行分离鉴定和耐药性研究，同时采用 PFGE 技术对污染生鲜牛乳中的沙门氏菌进行溯源分析。结果表明：采集的 896 份样本中分离鉴定出 199 株沙门氏菌，检出率为 22.21%。对 14 种抗生素的药敏试验结果表明，对氨苄西林的耐药率最高，达到 61.81%，其次是四环素、头孢唑林、复方新诺明，耐药率分别为 54.27%、44.22% 和 38.69%，对美洛西林、头孢曲松、头孢噻肟、萘啶酸、环丙沙星、氯霉素、卡那霉素、庆大霉素、链霉素的耐药率在 4.02%~20.1%，未检出氧氟沙星耐药菌株；各环节沙门氏菌分离株多重耐药率为 65.83%，多重耐药种数主要集中在 2~4 耐。对 β-内酰胺类、四环素类、氨基糖苷类、磺胺类、氯霉素类、喹诺酮类的耐药菌株分别进行耐药基因的检测，其中 β-内酰胺类耐药菌株中均检出 blatem-1 基因，但未检出 blacmy-2 基因；四环素类耐药菌株中 tetA 基因的检出率为 52.78%，tetB 基因的检出率为 48.15%，tetG 基因的检出率为 39.81%；氨基糖苷类耐药菌株中 aadA1 基因的检出率为 46.81%，aadA2 基因的检出率为 57.45%；磺胺类耐药菌株中均检出 suI Ⅰ 基因，而 suI Ⅱ 基因的检出率为 31.17%，未检出 suI Ⅲ基因；氯霉素类耐药菌中 CmlA 基因的检出率为 4%，cat Ⅰ 基因的检出率为 20%；喹诺酮类耐药菌株中 qnr 基因的检出率为 28.57%。应用 PFGE 技术对各环节抽取的 60 株沙门氏菌进行同源关系分析，结果表明，生鲜乳中沙门氏菌主要来源于奶牛养殖和挤奶环节，各环节中的沙门氏菌可通过直接接触和间接接触相互散播，造成生鲜乳的污染；在贵阳市的 26 份奶样中分离到 3 株沙门氏菌，分离率达 11.5%；分离菌株对氨基糖苷类和 β-内酰胺类表现出较强的耐药性[453]。

（三）耶尔森菌

耶尔森菌（Yersinia）属肠杆菌科，共有 11 个种，其中小肠结肠炎耶尔森菌和假结核耶尔森菌是著名的人类肠道致病菌，通过受污染的食物或水传播。土耳其某地奶制品中耶尔森菌检出率为 19.4%，意大利某试验在生羊奶和生山羊奶检出率分别为 4.8% 和 10.4%[454]。

几乎所有的耶尔森菌对克林霉素耐药，对头孢菌素、头孢唑啉、氨苄西林、阿莫西林耐药率分别为 86.9%、78.6%、64.3% 和 57.1%。84.5% 的菌株中观察到对至少 3 种或更多抗菌药物的多重耐药[455]。耶尔森菌毒力决定因素在染色体和 70 kbpYV 质粒上均有发现。Yst 基因位于染色体上，编码由致病性和非致病性菌株产生的热稳定肠毒素 Yst。其他重要的染色体基因 ail 编码促进附着和入侵的蛋白，以及 inv 编码入侵必不可少的表面蛋白。毒力质粒基因（pYV）包括黏附素 a（yadA），编码参与自凝集、血清抵抗和黏附的产物，以及转录调节因子（virF），编码 yop 调控的转录激活因子。生物型 1A 菌株在环境中广泛存在，直到最近，由于除 inv 和 ystB 外缺乏主要毒力基因，一直被认为是无致病性的。然而，生物型 1A 菌株已经从胃肠道感染的人类以及各种动物和食物中分离出来。

第六章

奶牛养殖场中细菌耐药性的应对措施

第一节 国内外奶牛养殖场细菌耐药性监测系统

一、我国细菌耐药性监测系统概述

农业部于 2001 年开展动物源性病原菌耐药性监测工作，保证动物性食品安全，维护人民群众身体健康，促进畜牧业健康发展。全国细菌耐药监测系统（China Antimicrobial Resistance Surveillance System，CARSS）成立于 2005 年。我国动物源性细菌的抗生素耐药监测工作始于 2008 年，农业农村部依托 6 个国家兽药安全评价（耐药性监测）实验室（后增添为 10 个），对我国养殖业中常见的动物源性细菌进行实时耐药监测和分析[456]，并依托中国兽药信息网建设相关数据库，为畜牧养殖业抗生素合理使用的政策干预提供数据支持。我国监测的细菌类型包括食源性病原菌沙门氏菌和指示菌大肠杆菌，2010 年开始增加对牛奶中金黄色葡萄球菌的耐药性监测；2011 年开始增加鸡源弯曲杆菌的耐药性监测。为贯彻落实《遏制细菌耐药国家行动计划（2016—2020 年）》《全国遏制动物源细菌耐药行动计划（2017—2020 年）》，进一步加强动物源细菌耐药性监测工作，促进养殖环节科学合理用药，保障动物源性食品安全和公共卫生安全，制定了《2019 年动物源细菌耐药性监测计划》。我国对动物源沙门氏菌和大肠杆菌所监测的抗生素相同，有 11 类 16 种；对金黄色葡萄球菌监测 13 类 18 种药物，对弯曲杆菌监测 6 类 9 种，详见表 6-1。

表 6-1 我国目前监测兽用抗生素类别

监测细菌 类别	沙门氏菌/大肠杆菌 抗生素	金黄色葡萄球菌 抗生素	弯曲杆菌 抗生素
氨基糖苷类	庆大霉素、大观霉素	庆大霉素	

（续表）

监测细菌 类别	沙门氏菌/大肠杆菌 抗生素	金黄色葡萄球菌 抗生素	弯曲杆菌 抗生素
β-内酰胺/β-内酰 胺酶抑制剂	阿莫西林/克拉 维酸	阿莫西林/克拉 维酸	
青霉素类	氨苄西林	氨苄西林、青 霉素	
头孢类	头孢噻呋	头孢噻呋、头孢 西丁	
喹诺酮类	恩诺沙星、氧氟 沙星	恩诺沙星、氧氟 沙星	萘啶酸、环丙 沙星
叶酸合成抑制剂	磺胺异噁唑、甲 氧苄啶/磺胺甲 噁唑	磺胺异噁唑、甲 氧苄啶/磺胺甲 噁唑	
酰胺醇类	氟苯尼考	氯霉素、氟苯 尼考	
四环素类	四环素、多西 环素	四环素	
多肽类	金黄色葡萄球菌 菌素		

二、主要发达国家细菌耐药性监测系统[457]

（一）丹麦抗生素耐药性监测国家系统（Danish Integrated Antimicrobial Resistance Monitoring and Research Program，DANMAP）

丹麦是最早建立系统性和持续性监测计划的国家。早在 1995 年，丹麦卫生部及食品农渔业部就共同主导建立了抗生素耐药性监测国家系统（DANMAP）[458]，由国家血清中心、丹麦食品和兽药研究院、兽药和食品管理局及药品监督管理局进行协调，对动物、食品、人肠道细菌耐药性进行连续监测。DANMAP 一方面负责监测食品动物饲养量，动物源产品量，每类动物不同年龄阶段的抗生素消耗总量及各种抗生素的消耗量；另一方面负责耐药性监测。在动物生产中使用的所有兽医处方药物每月上报一次。每年都要发布监测报告，并将使用情况和耐药趋势进行比较和分析。2006 年 11 月丹麦开始实施食品产品安全评估政策[459]，并促成丹麦和其他一些欧盟国家在食品动物中限制或禁止使用阿伏霉素、维吉尼霉素、氟喹诺酮类数种抗生素。

（二）美国国家抗生素耐药性监测系统（National Antimicrobial Resistance Monitoring System，NARMS）

1996 年，美国食品药品监督管理局、农业部和疾病控制中心联合成立了国家抗生素耐药性监测系统（NARMS）[460]。NARMS 主要监控人类、动物和零售肉类中肠道细菌，监测其对人类和兽医至关重要抗生素敏感性的变化，也对动物饲料成分进行监测。

（三）日本兽用抗生素监控系统（The Japanese Veterinary Antimicrobial Resistance Monitoring System，JVARM）

日本于 1999 年建立了兽用抗菌药耐药性监控系统（JVARM），对食品动物（牛、猪、鸡）中大肠杆菌、沙门氏菌的耐药性进行监视。JVARM 由 3 个部分组成：动物使用抗生素的数量监测；从健康动物中分离的人兽共患病菌和指示菌的耐药性监控；从患病动物中分离的动物源致病菌耐药性监测[461]。

（四）加拿大抗生素耐药性整合监测计划（Canadian Integrated Program for Antimicrobial Resistance Surveillance，CIPARS）

2003 年，加拿大由卫生部主导，公共卫生机构食源性人兽共患疾病实验室以及食源性、水源性和动物传染病署与国家微生物实验室组成的国家肠道菌抗菌药耐药性监测指导委员会共同制定了加拿大抗菌药耐药性整合监测计划（CIPARS）[462]。主要监测人类和动物抗菌药的使用和从农业食品领域分离的肠道病原体及共生体、人类分离的肠道菌耐药趋势。

（五）韩国细菌耐药性监测（Korean Nationwide Surveillance of Antimicrobial Resistance，KONSAR）

KONSAR 是在 WHO 的要求下建立的，由韩国延世医学院细菌耐药性研究所负责具体实施[463]。其主要职责是连续监测韩国抗生素耐药性的发展趋势，检测新的耐药性细菌，为选择最合适的抗生素治疗患者提供支持等。

（六）欧洲耐药性监测系统（European antimicrobial resistance surveillance network，EARS-Net）和欧洲兽用抗菌药消耗监测（European surveillance of veterinary antimicrobial consumption，ESVAC）

欧盟承担公众健康（耐药性）事务的 3 个机构分别为欧洲药品局（EMA）、欧洲疾病预防控制中心（ECDC）和欧洲食品安全委员会（EFSA）[464]。ECDC 于 1998 年开始建立 EARS-Net，至少有 400 个实验室加入了 EARS-Net，数据中心设在荷兰公共卫生和环境国家学会。2012 年 EFSA 和 ECDC 联合发布 2010 年度耐药性总结报告，对成员国在人兽共患致病菌，以及来自人、动物和食品的指示细菌的耐药性进行分析。

（七）澳大利亚农药与兽药管理局（Australian Pesticides and Veterinary Medicines Authority，APVMA）

澳大利亚农药与兽药管理局（APVMA）是澳大利亚的一个法定政府机构，是一家负责评估和登记澳大利亚农药和兽药药品的政府机构，隶属于联邦政府监测体系。APVMA 由首席执行官负责，工作范围包括：农药、兽药、法律服务、管制政策与依从、社团服务，可以为抗生素使用量监测提供数据。目前 APVMA 兽药工作项目组下设 5 个部门，即药物化学部、兽药残留部、兽药登记与注册部、制造质量与许可部、申请管理与调查部[465]。

（八）英国农业部下属兽药总署（Veterinary Medicines Directorate，VMD）和国家兽医服务署（The State Veterinary Service，SVS）

兽药总署（VMD）负责兽药的使用管理，负责制定国家药物残留监控计划与实施，并对监控结果进行汇总、报告，对检测出的阳性样品进行追踪调查。VMD 承担与业务有关的研究工作，开展耐药性检测与评价[466]。国家兽医服务署（SVS）执行主要政策及相关法律法规，运行服务总司的奶制品卫生监察处（Dairy Hygiene Inspectorate，DHI）执行奶制品的政策法规。

（九）德国细菌耐药性监测系统

联邦食品、农业及消费者保护部是德国联邦部会之一，成立于 2005 年 11 月 22 日，总部设在波恩，柏林设有第二办公室[467]。其下设两个专门机构——联邦风险评估研究所（Bundesinstitut für Risikobewertung，BfR）和联邦消费者保护与食品安全局（Ben Venue Laboratories，BVL），负责食品安全等相关的风险评估与交流和风险管理，如细菌耐药性监测工作。德国非常重视细菌耐药性工作，BfR 和 BVL 均设有从事细菌耐药性监测的实验室，BfR 的细菌耐药性监测工作主要负责国家细菌耐药性监测计划和流行性调查，每年有针对性地选择两种细菌对几种关注的药物进行跟踪调查；BVL 主要是针对临床分离的动物源致病菌进行耐药性检测。

第二节　兽用抗生素使用控制及微生物生态平衡维持

一、抗生素与微生物生态平衡

生态平衡是指生态系统内两个方面的稳定：一方面是生物种类（即动物、植物、微生物）的组成和数量比例相对稳定；另一方面是非生物环境（包括空气、阳光、水、土壤等）保持相对稳定。生态平衡是一种动态平衡。微生物作为地球上分布最为广泛、生物量最大、生物多样性最丰富的生命形式，影响着人类健康乃至地球的整个生态系统。

微生物生态平衡是指正常微生物群与其宿主生态环境在长期进化过程中形成生理性组合的动态过程，这种动态不会引起疾病，被称为微生态平衡。现有生物物种携带成千上万的微生物（包括病毒、细菌、真菌和寄生虫），它们是这些微生物的宿主。一般情况下，特定的微生物都有其专门的寄生宿主，维持着生态平衡，但由于人为或药物使用等其他原因会使微生物转移到新的宿主体内，这些微生物在原来的宿主体内可能是非致病性的，一旦传播到人类，生存环境发生变化，微生物则通过改变自己的遗传结构而适应这种变化，可能变为致病性微生物从而引起疾病。因此，构建微生态平衡是维持微生物物种平衡的重要措施。

微生态失衡不仅可导致各种肠道疾病的发生，也可使机体免疫功能下降，微生态失衡与肿瘤的发生、肝肾疾病、精神系统等多种疾病也密切相关。人体正常菌群形成的生物屏障，不仅可防止感染的发生，提高机体免疫力，而且可分泌多种酶和维生素，促进微量元素的吸收，分解毒素及致癌物质，促使癌细胞凋亡。因此，维持微生态平衡对人体健康也非常重要。

当前，大量和不合理使用抗生素已严重破坏动物肠道微生态平衡。抗生素作为一把"双刃剑"，一方面能够抑制或杀灭致病性细菌，有效地治疗和控制细菌感染性疾病，但另一方面抗生素是不会区分致病细菌和正常菌群的，在治疗细菌性感染性疾病的同时，不可避免地会杀灭人体的正常菌群，造成菌群紊乱，引起抗生素相关性腹泻，严重的会引起二重感染。一项幽门螺杆菌感染的患者使用克拉霉素和甲硝唑治疗 14 d 后的研究显示，患者肠道和咽部菌群的多样性明显减少，肠道菌群中大环内酯类耐药基因 ermB 呈 10 万倍增加，部分患者可长达 4 年不消退，即使短期使用抗菌药物，也可对人体的正常菌群构成及其耐药性造成长远的影响[468]。一项关于饲喂抗菌药物对猪肠道内微生物群系影响的研究表明，在饲喂添加金霉素、磺胺嘧啶和青霉素 14 d 的猪体内，不仅存在这些抗菌药物相关的耐药基因，而且增加了氨基糖苷类抗菌药物的耐药基因——氨基糖苷类-O-磷酸基转移酶，说明抗菌药物的使用不仅能够增加对所使用药物的耐药性，还能够间接地对其他抗菌药物产生耐药性[469]。抗生素长期违规使用会破坏消化道微生物稳态，增加细菌耐药性，降低机体免疫力。

二、控制兽用抗生素使用，维持微生物生态平衡

为了保持正常微生物群形成的生物屏障，维护微生态平衡，控制使用抗生素是目前的首要措施。我国兽用抗菌药使用减量化行动方案（2021—2025 年）是根据《中华人民共和国生物安全法》《中华人民共和国乡村振兴促进法》《兽药管理条例》规定，以及《国务院办公厅关于促进畜牧业高质量发展的意见》《食用农产品"治违禁 控药残 促提升"三年行动方案》等文件，制定以生猪、蛋鸡、肉鸡、肉鸭、奶牛、肉牛、肉羊等畜禽品种为重点，稳步推进兽用抗生素使用减量化（以下简称"减抗"）行动，切实提高畜禽养殖环节兽用抗生素安全、规范、科学使用的能力和水平，确保"十四五"时期全国产出每吨动物产品兽用抗生素的使用量保持下降趋势，肉蛋奶等畜禽产品的兽药残留监督抽检合格率稳定保持在98%以上，动物源细菌耐药趋势得到有效遏制。到 2025 年末，50%以上的规模养殖场实施养殖减抗行动，建立完善并严格执行兽药安全使用管理制度，做到规范科学用药，全面落实兽用处方药制度、兽药休药期制度和"兽药规范使用"承诺制度。

第三节　改善畜牧养殖卫生条件以减少交叉污染

一、畜牧养殖业中抗生素的合理使用

随着抗生素在畜牧业的广泛应用，出现了不科学、不规范的滥用现象，致使细菌耐药性和药物残留等问题日益突出，引起世界各国政府及业内人士的高度重视。自1997年禁用安普霉素作为动物促生长剂后，欧盟国家开始逐步扩大动物促生长剂类抗生素的禁用范围，到2006年全面禁用动物促生长剂类抗生素，饲料中禁止添加黄霉素、盐霉素钠、卑霉素和莫能霉素钠等抗生素，并开始全面禁抗。2013年美国食品和药物管理局仍允许抗生素作为生长促进和疾病预防目的的使用，仅以自愿方式减少抗生素的使用。2018年，巴西农业、畜牧业、食品供应部和国防部联合发布声明禁止饲喂（促生长）抗生素[470]。中国通过完善了法律法规体系规范抗生素的使用，2015年原农业部规定禁止在食用动物中使用洛美沙星等4种药物；2015年7月农业部第六次常务会议审议通过的《全国兽药（抗菌药）综合治理五年行动方案》，在2016年与国务院食安办等5部门开展畜禽水产品抗生素、兽药残留超标治理专项整治行动。2020年兽药生产企业和饲料生产企业停止生产除中药外的所有促生长类药物饲料添加剂和商品饲料。

二、畜禽养殖业中养殖环境的控制

干净卫生的养殖环境是保证畜禽健康生长的关键因素之一。根据畜禽类型，构建合适的养殖场房，提供适应的生长环境，配置丰富的饲料与水资源，满足畜禽生长发育需求的同时，加强养殖环境的卫生管理，定期打扫、消毒，减少细菌病毒在养殖场内繁殖，减少疾病发生率，使畜禽的存活率有效提高[471]。日常管理时要定期清理畜禽排泄的粪便，保证场房干净。基层畜牧养殖管理者要重视畜禽生长环境对于畜禽生长的影响，树立环境卫生意识，加强卫生管理工作的落实。基层畜牧养殖场在经济条件允许情况下，可引入先进的仪器设备，例如，在场房内增添新风系统、温湿度调节设备，优化养殖环境，使畜禽可在最适宜的温湿度环境内生活，避免因为自然环境中温湿度变化而影响健康情况。

三、畜禽养殖业中动物疾病防治

人类需要为动物提供疾病的预防和治疗工作，避免动物受到疾病的威胁。缺乏有效的预防措施，疾病发生后治疗不及时等问题，会导致畜禽的死亡率升高，造成较大的经济损失；同时患病畜禽进入市场后，也会危及人类的身体健康。养殖过程中，不仅需要关注呼吸道、消化系统、眼病、四肢疾病等常规疾病管理，还要特别注意寄生类疾病、传染性疾病。养殖场内制定科学可行的检疫机制，在流行疾病多发季节要做好检疫防控工作，对于已经患病的动物及时隔离治疗，并记录相关治疗数据，为后续检疫防控工作开展提供参考依据。饲养者日常管理中一旦发现可疑病例要尽快隔离，同时了解当地动物疫情情况，一旦发生疫情应及时进行科学处理。相关畜牧疾病防控部门要完善疾病防控制度，加强对畜牧养殖场管理人员与工作人员的畜牧疾病防控管理观念的培训与强化，严格按照免疫程序为所有畜禽注射疾病防疫疫苗，使畜禽自身的免疫力有效增强，有效抵抗常见病菌的侵袭[472]，降低疾病发生率的同时，提升畜禽健康水平。对于场内死亡畜禽要开展无害化处理，不可随意掩埋，以免造成流行病传播。

第四节　开发新型抗生素及抗生素替代物

一、新型抗生素及抗生素替代物

抗生素添加剂的长期不科学使用，会使病原菌产生耐药性，同时其在畜产品中的严重药物残留，会对畜禽疫病的防治和人类的健康产生不良影响。开发新型的绿色安全无公害、促进动物的生长、无毒副作用、无药物残留、无耐药性的抗生素替代品是减缓细菌耐药性产生、传播的重要举措。由中国农业科学院饲料研究所王建华研究员领衔的创新团队成功创制新型抗生素替代品——新型抗菌抗内毒素双效肽，其安全性高、抗菌性更强，并可解内毒素，具有很好的新药临床化开发优势。相关研究成果于2017年3月13日在《科学报道》（*Scientific Reports*）上在线发表。在食品医药及饲料兽药行业具有广泛应用潜力的抗生素替代品——牛乳铁蛋白衍生肽，虽具有广谱杀菌性，但存在溶血性较高，生物安全性低的问题。抗生素替代物在反刍动物体内除起到促生长的作用外，还应起到一定的免疫作用。目前，研究较深入的抗生素替代物包括益生菌、植物提取物、有机酸、抗菌肽、酶制剂、功能性寡糖等，它们不仅可改善反刍动物瘤胃环境、促进瘤胃发酵，还可调控瘤胃后肠道微生物区系或在瘤胃后肠道吸收，改善肠道健康。

（一）益生菌

益生菌是指定殖于人和动物生殖系统和胃肠道中，具有调节和改善宿主肠道微生态平衡，对宿主发挥有益作用的一类活性微生物。目前在实际生产中应用较为广泛的益生菌主要有乳酸杆菌、双歧杆菌、链球杆菌等。益生菌具有抑制宿主体内肠道中致病菌的生长和繁殖，维持肠道内微生态平衡、增强非特异性免疫等作用[473]。通常益生菌可提高高温环境下肠道的微生物多样性，使肠道微生物群保持平衡，改善高温环境下肠道的微生物环境系统[474]。研究表明，连续 7 d 给患有 SARA 的荷斯坦头胎牛饲喂 20~50 g 含有植物乳杆菌、屎肠球菌和丁酸菌的复合益生菌可提高瘤胃 pH 值，降低乳酸浓度[475]。Pinloche 等[476]研究表明，泌乳牛补充益生菌（酵母 47.1×10^{10} CFU/g，以 DM 计）在改善瘤胃发酵、产奶量和体增重的同时，还存在主要纤维利用菌产琥珀酸丝状杆菌和反刍球菌及乳酸利用菌埃氏巨球型菌和反刍兽新月单胞菌在丰度上的逆转。泌乳牛饲喂酵母培养物还可增强机体抗氧化能力[477]。

（二）植物提取物

植物提取物是指以植物为原料进行提取和加工而成的一种绿色添加剂，目前已在医药、食品、健康、美容及畜牧生产等领域中广泛应用。天然植物提取物是指中草药饲料添加剂，具有提高动物机体的免疫力，调节动物氧化应激的作用[478]。目前已有将近 50 种中草药提取物作为添加剂应用于畜禽生产中，相关研究表明，这些提取物中的多糖、有机酸、生物碱等主要成分对提高动物的抗病能力具有非常重要的作用[479]。天然植物提取物所具备的抗菌、环保、不易产生抗药性等特性，决定了其具有极高的推广价值。

（三）有机酸

酸化剂是一种添加至畜禽饲料中的绿色添加剂，具有能够调节畜禽胃肠道 pH 值，提高饲料适口性等优点，因其本身无毒无害、无抗药性、无残留的特点，在实际应用中具有重要作用[480]。生产中常见的有机酸化剂主要有柠檬酸和延胡索酸。研究证明，有机酸能提高动物饲料适口性，具有很强的杀菌作用[481]。反刍动物瘤胃内甲烷的产生会造成饲料中能量的浪费，通过抑制产甲烷菌可使甲烷产量降低 20%~50%，饲料能量利用效率提高 2%~5%[482]。延胡索酸和苹果酸可促进瘤胃丙酸的合成，使瘤胃发酵趋于丙酸型发酵，同时夺取甲烷菌用于合成甲烷的氢以降低甲烷的产量。

（四）抗菌肽

抗菌肽是生物体内产生的有活性的小分子多肽，广泛存在于生物体内，是生物天然免疫系统中的重要组成部分。抗菌肽对各种细菌、真菌和病毒甚至癌细胞都有广谱活性，可破坏病原体细胞膜的完整性，影响其 DNA 和蛋白质的合成，还有潜在的免疫调节特性[483]。

（五）酶制剂

酶制剂作为一类环保、绿色、安全无残留的饲料添加剂，由于其具有专一性强、污染低、条件温和、催化效率强等优点，已被广泛应用于各个领域中。酶制剂作为饲料添加剂具有提高饲料养分降解率，调节调节消化酶体系的作用，可提高动物对饲料的利用率，促进动物的生长。酶制剂主要包括单一酶制剂和复合酶制剂，其中，复合酶制剂在实际生产中应用更为广泛。泌乳初期奶牛瘤胃消化纤维的能力较低，此时添加 0.02% 外源纤维素酶（1 5000 IU/g）可有效提高饲料的瘤胃降解率。泌乳牛日粮添加纤维素酶（10 g/d）可极显著提高产奶量，添加复合酶也可有效提高产奶量及乳脂率，对瘤胃发酵及瘤胃氨态氮浓度无影响[484]。

（六）功能性寡糖

化学益生素也称前生素、益生元等，是一类能被动物肠道内一些有益菌选择性降解利用的微生态制剂，其主要成分为辅酶、寡糖或含氮多糖等。寡糖又称低聚糖，是指由 2 个或 2 个以上相同或不同的糖苷键连接后形成的糖分子。目前在畜禽生产中应用最广泛的种类主要有甘露聚糖、纤维寡糖、壳寡糖、果寡糖等部分寡糖。寡糖自身的 β-糖苷键的结构被肠道内的有益菌利用后能阻止细菌与动物黏膜的糖基结合，通过与某些细菌细胞壁上受体进行结合来保护肠道黏膜，其发酵产物具有维持肠道的 pH 值、保护屏障和参与免疫的功能[485]。

第五节　抗生素耐药防控的 One Health 策略

一、One Health 防控策略

One Health 理念倡导跨学科、跨部门、跨地域的协作和交流，从人类—动物—环境多维度应对公共卫生问题并促进人与动物共同健康。我国积极响应 WHO 制定的遏制细菌耐药全球战略，遵循 One Health 策略，统一步调来保护人、动物、植物、食物、环境（空气、土壤和水）的健康。全球范围内抗生素耐药的不断增加是多因素造成的结果，因此相较于单一的防控策略，人、动物、环境等多部门合作的"多管齐下"措施才能有效控制抗生素耐药的持续增加。One Health 策略提倡多部门的协商与合作，英国政府部门早前已经开展了基于 One Health 理念的抗生素耐药防控战略，得到了多部门的高度重视与参与[486]。如今，人、动物与环境的联系日益紧密，且在当今全球化的趋势下，仅靠一个国家或部门几乎不可能解决抗生素耐药问题，所以需要全球各部门从 One Health 角度出发，这样有利于从根本上抓住抗生素耐药的关键问题，对抗生素耐药的防控工作具有重要意义。

二、促进抗生素的科学使用

抗生素滥用是造成抗生素耐药的主要原因。WHO 的资料显示 60% 的病毒性上呼吸道感染患者接受了不必要的抗生素治疗[487]。此外，抗生素的更新速度有限。从 1983 年至 2007 年，新型抗生素的种类从每 5 年约 20 种下降到每 5 年仅 5 种。结合当前抗生素使用情况与 2018 年 5 月国家卫生健康委员会印发的《关于持续做好抗菌药物临床应用管理有关工作的通知》，在动物养殖领域相关人员应做到：

①农牧民与食品行业应遵守抗生素类饲料添加规定，禁止以促进动物生长或预防疾病为目的的抗生素使用；②推荐使用非抗生素制品如酶制剂、中草药、益生菌、抗菌肽等保障动物健康；③制定全球化食用动物抗生素使用准则，如 Van Boeckel 等[488]针对食用动物身上滥用抗生素问题提出了 3 种全球化干预措施：一是实施抗生素全球化管理，建议每千克动物产品抗生素使用限量为 50 mg，这样可以减少 64% 的抗生素使用量；二是限制肉类摄入量，世界范围内推广 40 g/d 的肉类摄入量将减少 66% 的抗生素使用量；三是征收抗生素使用税，征收兽用抗生素价格 50% 的使用税可以减少 31% 的抗生素使用量。如果在全球范围实施这些干预措施可以减少全球 80% 兽用抗生素使用量，从而有效解决食用动物抗生素滥用问题。

在全社会实现持续性、科学化抗生素使用的目标，离不开各部门间的合作。因此，国家与各级监管部门应完善抗生素使用相关政策与法规，促进多部门之间的交流协作。实际上近年来相关部门已经发布并实施了许多抗生素使用指南与管理办法，如国家卫生和计划生育委员会 2015 年修订的《抗菌药物临床应用指导原则》，农业农村部推进实施的《全国遏制动物源细菌耐药行动计划（2017—2020 年）》。但是目前我国尚无强制性的法律法规对抗生素使用问题做出限制，在其实施过程中可能会出现执行不严、落实不到位等问题。

三、建立抗生素监测网络系统

抗生素监测网络旨在构建农业、卫生、环境等多部门、宽领域、大范围、多层次的监测网络，主要对动物源性食品中抗生素残留、医院抗生素使用、土壤与水体环境抗生素污染等情况进行综合监测与报告。我国目前缺少完善的抗生素耐药监测系统，难以获取最新的抗生素耐药信息，这不利于对可能出现的耐药性问题做出及时预警与反馈。因此政府相关部门应推动多部门合作，设立抗生素耐药问题专项负责机构，完善抗生素追溯网络系统尤其是兽药监控网络，实时掌握抗生素药物使用情况，定期公布监测信息；研发使用新型高效的快速检测技术，加强动物产品与供水系统的抗生素含量监测，保证饮用水安全。美国和欧盟较早地建立了抗生素耐药性监测系统，其监测数据为制定早期抗生素耐药性全球治理的行动策略提供了有效依据。WHO 会同 FAO 和 OIE 于 2017 年发布了"食源性细菌耐药性的整合监测：应用 One Health 策略"，对各国开展整合监测具有重要指导作用。

四、探索研发新型抗生素

近年来，几乎所有病原菌都对现有药物具有一定的耐药性，而能够进入临床使用的新型抗生素数量持续减少，所以人类有必要研发新型抗生素来应对未来可能出现的无药可用的情况。为了激励制药公司对新型抗生素的研发，2012 年以来美国食品药品监督管理局（Food and Drug Administration，FDA）采取了一系列鼓励措施：推出鼓励"抗生素开发法案"，旨在为符合标准的抗菌类药物建立激励机制，其内容包括给予公司更长久的专利独占权、优先审批、临床研究快速通道等措施；设立抗生素研发基金；放宽临床试验要求等措施。

　　研制高效疫苗或通过抑制细菌毒性来阻止疾病，从而消除对抗生素的需求可能是对某些难治疗耐药菌的最后策略。此外，寻找抗生素的替代品也成为控制耐药性发展的重要手段。目前常见的抗生素替代品包括免疫调节剂、噬菌体、抗菌肽、益生元、植物提取物等。其中噬菌体是唯一的活体药物，与抗生素相比具有很多优势，如相对安全、专一性强、不影响正常微生物群落的生长等，并且对于病原菌有足够的特异性和可选择的种类，解决了"菌变药不变"的抗药性本质。当追踪流行菌株并筛选和组合裂解性噬菌体时，动态抑制病原菌就成为一种自然的生态控制策略。这能够与抗生素精准使用、生态环境及医疗中耐药菌的去除和疫苗预防组成综合的防控策略，使病原菌不易暴发和传播，抗药性得到遏制和降低，实现减抗降抗的战略目标。

参考文献

［1］ 王润玲. 药物化学［M］. 北京：中国医药科技出版社，2014.

［2］ 葛顺，存岭，陈新，等. 抗感染药物临床实用手册［M］. 郑州：郑州大学出版社，2012.

［3］ 刘天旭，杨晓洁，徐建，等. 畜禽养殖抗生素替代物研究进展［J］. 家畜生态学报，2021，42（7）：1-7.

［4］ 宋金春，蔡华，谢腾芳. 抗微生物药物学［M］. 北京：科学出版社，2010.

［5］ 巩忠福，曹兴元. 奶牛场兽药规范使用手册［M］. 北京：中国农业出版社，2019.

［6］ Oudessa Kerro Dego. Mastitis in Dairy Cattle，Sheep and Goats［M/OL］. London：Intechopen，2022.

［7］ New Zealand Veterinary Association. Antibiotic judicious use guidelines［J/OL］. 2016. https：//www.dairynz.co.nz/media/5793146/6280_amr_guidelines_dairy_4-0_digital-nzva.pdf.

［8］ 孙艳，周国燕，伍天碧，等. 我国奶牛乳腺炎近期有研究进展［J］. 中国乳业，244（4）：43-51.

［9］ 王春璈. 奶牛疾病学［M］. 北京：中国农业出版社，2013.

［10］ 农业农村部. 中华人民共和国农业部公告第 2292 号［EB/OL］.（2015-09-01）［2022-03-26］. http：//www.moa.gov.cn/govpublic/SYJ/201509/t20150907_4819267.htm？keywords=+2292.

［11］ 农业农村部. 中华人民共和国农业部公告第 2428 号［EB/OL］.（2016-07-26）［2022-03-26］. http：//www.moa.gov.cn/govpublic/SYJ/201608/t20160801_5224428.htm？keywords=+2428.

［12］ 农业农村部. 中华人民共和国农业部公告第 2583 号［EB/OL］.（2017-09-21）［2022-03-26］. http：//www.moa.gov.cn/gk/tzgg_1/gg/201709/t20170921_5821885.htm？keywords=+2583.

［13］　中国饲料行业信息网. 硫酸粘杆菌素已被禁止添加到饲料中，我们该怎么办？［EB/OL］.（2017－11－08）［2022－03－09］. https：//www. pig66. com/2017/120_1108/16962214. htm.

［14］　农业农村部. 农业部关于印发《全国遏制动物源细菌耐药行动计划（2017—2020）》的通知［EB/OL］.（2017－06－23）［2022－03－26］. http：//www. moa. gov. cn/gk/tzgg_1/tz/201706/t20170623_5726086. htm? keywords＝＋全国遏制动物源细菌耐药行动计划（2017—2020）.

［15］　农业农村部. 中华人民共和国农业部公告第2638号［EB/OL］.（2018－01－12）［2022－03－26］. http：//www. moa. gov. cn/gk/tzgg_1/gg/201801/t20180112_6134888. htm? keywords＝＋2638.

［16］　农业农村部. 农业农村部办公厅关于开展兽用抗菌药使用减量化行动试点工作的通知［EB/OL］.（2018－04－20）［2022－03－26］. http：//www. moa. gov. cn/gk/tzgg_1/tfw/201804/t20180420_6140711. htm? keywords＝＋兽用抗菌药使用减量化行动试点工作方案（2018—2021年）.

［17］　农业农村部. 中华人民共和国农业农村部公告第194号［EB/OL］.（2019－07－10）［2022－03－26］. http：//www. xmsyj. moa. gov. cn/zcjd/201907/t20190710_6320678. htm.

［18］　农业农村部. 农业农村部关于印发《全国兽用抗菌药使用减量化行动方案（2021—2025年）》的通知［EB/OL］.（2021－10－25）［2022－03－26］. http：//www. moa. gov. cn/xw/bmdt/202110/t20211025_6380448. htm.

［19］　陈萌萌，李晓峰，肖晓波. 国外兽用抗生素减量化时间经验及其对我国的启示［J］. 中国农业科技导报，2022，24（6）：19-26.

［20］　CALL D R，DAVIS M A，SAWANT A A. Antimicrobial resistance in beef and dairy cattle production［J］. Anim Health Res Rev，2008，9（2）：159-167.

［21］　VERRAES C，VAN BOXSTAEL S，VAN MEERVENNE E，et al. Antimicrobial resistance in the food chain：a review［J］. Int J Environ Res Public Health，2013，10（7）：2643-2669.

［22］　张刚，冯婕. 细菌固有耐药的研究进展［J］. 遗传，2016，38（10）：872-880.

［23］　LIN J，NISHINO K，ROBERTS M C. Mechanisms of antibiotic resistance［J］. Front Microbiol，2015，6（13）：34.

［24］　杜雄伟，李叶，王晓辉. 沙门氏菌耐药机制的研究进展［J］. 江苏农业科学，2010（6）：487-490.

［25］ 郑伟，田甜，王琦，等. 结核分枝杆菌的耐药机制研究进展［J］. 中国人兽共患病学报，2021，37（11）：1044-1052.

［26］ 顾佶丽，何涛，魏瑞成，等. 噬菌体在细菌耐药性传播中的作用及分子机制［J］. 畜牧与兽医，2020，52（11）：139-145.

［27］ 盛焕精，李怡谰，王泽维，等. IncI1 和 IncN 质粒阳性沙门氏菌耐药及质粒接合转移特征［J］. 食品科学，2020，41（18）：77-84.

［28］ 任艳. 细菌耐药性产生机制及防控措施［J］. 养禽与禽病防治，2015（5）：2-4.

［29］ MOTTA S S, CLUZEL P, ALDANA M. Adaptive resistance in bacteria requires epigenetic inheritance, genetic noise, and cost of efux pumps［J］. PLoS ONE, 2015, 10（3）：1-18.

［30］ SALIMIYAN RIZI K, GHAZVINI K, NOGHONDAR M K. Adaptive antibiotic resistance：overview and perspectives［J］. J Infect Dis Ther, 2018, 6（3）：35-36.

［31］ PRICE L B, JOHNSON E, VAILES R, et al. Fluoroquinolone - resistant campylobacter isolates from conventional and antibiotic-free chicken products［J］. Environ Health Perspect, 2005, 113（5）：557-560.

［32］ ANDERSSON D I, HUGHES D. Antibiotic resistance and its cost：is it possible to reverse resistance？［J］. Nat Rev Microbiol, 2010, 8（4）：260-271.

［33］ GHOSH D, VEEARAGHAVAN B, ELANGOVAN R, et al. Antibiotic resistance and epigenetics：more to it than meets the eye［J］. Antimicrob Agents Chemother, 2020, 64（2）：e02225-19.

［34］ DIAZ R, RAMALHEIRA E, AFREIXO V, et al. Methicillin - resistant *Staphylococcus aureus* carrying the new *mecC* gene a meta-analysis［J］. Diagnostic Microbiology and Infectious Disease, 2016, 84：135-140.

［35］ KAPOOR G, SAIGAL S, ELONGAVAN A. Action and resistance mechanisms of antibiotics：A guide for clinicians［J］. J Anaesthesiol Clin Pharmacol, 2017, 33（3）：300-305.

［36］ GARZAN A, WILLBY M J, GREEN K D, et al. Sulfonamide-based inhibitors of aminoglycoside acetyltransferase eis abolish resistance to kanamycin in *Mycobacterium tuberculosis*［J］. J Med Chemi, 2016, 59（23）：10619-10628.

［37］ MUNITA J M, ARIAS C A. Mechanisms of antibiotic resistance［J/OL］. Microbiol Spectr, 2016, 4（2）：10.1128/microbiolspec. VMBF-0016-

2015.

[38] KAWALEK A, MODRZEJEWSKA M, ZIENIUK B, et al. Interaction of ArmZ with the DNA-binding domain of MexZ induces expression of mexXY multidrug efflux pump genes and antimicrobial resistance in *Pseudomonas aeruginosa* [J]. Antimicrob Agents Chemother, 2019, 63 (12): e01199-1219.

[39] SUGAWARA E, KOJIMA S, NIKAIDO H. *Klebsiella pneumoniae* major porins ompK35 and ompK36 allow more efficient diffusion of β-Lactams than their escherichia coli homologs ompF and ompC [J]. J Bacteriol, 2016, 198 (23): 3200-3208.

[40] ZHANG D F, LI H, LIN X M, et al. Outer membrane proteomics of kanamycin-resistant *Escherichia coli* identified mipA as a novel antibiotic resistance-related protein [J]. FEMS Microbiol Lett, 2015, 362 (11): 74.

[41] HAMZAOUI Z, OCAMPO-SOSA A, FERNANDEZ MARTINEZ M, et al. Role of association of ompK35 and ompK36 alteration and blaESBL and/or blaAmpC genes in conferring carbapenem resistance among non-carbapenemase-producing *Klebsiella pneumoniae* [J]. Int J Antimicrob Agents, 2018, 52 (6): 898-905.

[42] EYAL Z, MATZOV D, KRUPKIN M, et al. Structural insights into species-specific features of the ribosome from the pathogen *Staphylococcus aureus* [J]. PNAS, 2015, 13: 5805-5814.

[43] MDLULI K, MA Z K. Mycobacterium tuberculosis DNA gyrase as a target for drug discovery [J]. Infectious Disorders—Drug Targets, 2007, 7 (2): 159-168.

[44] 闫雷, 徐海. 质粒介导的喹诺酮耐药基因 *qnr* 的分类、耐药机制及其在国内的流行状况 [J]. 微生物学报, 2016, 56 (2): 169-179.

[45] KAPOOR G, SAIGAL S, ELONGAVAN A. Action and resistance mechanisms of antibiotics: a guide for clinicians [J]. J Anaesthesiol Clin Pharmacol, 2017, 33 (3): 300-305.

[46] PENEYAN A, GILLINGS M, PAULSEN I T. Antibiotic discovery: combattin bacterial resistance in cells and in biofilm communities [J]. Molecules, 2015, 20 (4): 5286-5298.

[47] STEWART P S. Prospects for anti-biofilm pharmaceuticals [J]. Pharmaceuticals (Basel), 2015, 8 (3): 504-511.

[48] BALABAN N Q, HELAINE S, LEWIS K, et al. Definitions and guidelines

for research on antibiotic persistence [J]. Nat Rev Microbiol, 2019, 17: 441-448.

[49] MAH T F. Biofilm – specific antibiotic resistance [J]. Future Microbiol, 2012, 7 (9): 1061-1072.

[50] URUÉN C, CHOPO-ESCUIN G, TOMMASSEN J, et al. Biofilms as promoters of bacterial antibiotic resistance and tolerance [J]. Antibiotics (Basel) .2020, 10 (1): 3.

[51] ZHANG Q Q, YING G G, PAN C G, et al. Comprehensive evaluation of antibiotics emission and fate in the river basins of china: source analysis, multimedia modeling, and linkage to bacterial resistance [J]. Environ Sci Technol, 2015, 49 (11): 6772-6782.

[52] 周霞, 丁宇琦, 梁晶晶, 等. 兽药残留现状及对策建议 [J]. 食品安全导刊, 2022 (6): 172-174.

[53] YAN Y, WEN Q Q, YU X L, et al. Antibiotic residues in poultry food in Fujian Province of China [J]. Food Addit Contam, 2020, 13 (3): 177-184.

[54] 侯红英. 浅谈动物性食品药物残留的危害及对策 [J]. 食品安全导刊, 2022 (4): 16-18.

[55] 农牧发 [2002] 1 号文. 关于发布食品动物禁用的兽药及其化合物清单的通知 [Z]. 2002-03-05.

[56] 陈杖榴, 杨桂香, 孙永学, 等. 兽药残留的毒性与生态毒理研究进展 [J]. 华南农业大学学报, 2001, 22 (1): 4.

[57] 阿力腾才斯克, 萨仁高娃. 动物性食品中兽药残留危害及其成因 [J]. 畜牧兽医科学, 2020 (14): 156-157.

[58] MENG T, CHENG W, WAN T, et al. Occurrence of antibiotics in rural drinking water and related human health risk assessment [J]. Environ Technol, 2021, 42 (5): 671-681.

[59] BOECKEL T V, GLENNON E E, CHEN D, et al. Reducing antimicrobial use in food animals [J]. Science, 2017, 357 (6358): 1350-1352.

[60] 周明丽. 畜牧业中滥用抗生素的现状及应对措施 [J]. 畜禽业, 2013 (8): 3.

[61] GUPTA A, NELSON J M, BARRETT T J, et al. Antimicrobial resistance among Campylobacter strains, United States, 1997-2001 [J]. Emerg Infect Dis, 2004, 10 (6): 1102-1109.

[62] MARON D F, SMITH T J, NACHMAN K E. Restrictions on antimicrobial

use in food animal production: an international regulatory and economic survey [J]. Global Health, 2013, 9: 48.

[63] BUNNIK B A D V, WOOLHOUSE M E J. Modelling the impact of curtailing antibiotic usage in food animals on antibiotic resistance in humans [J]. R Soc Open Sci, 2017, 4 (4): 161067.

[64] SCOTT L C, WILSON M J, ESSER S M, et al. Assessing visitor use impact on antibiotic resistant bacteria and antibiotic resistance genes in soil and water environments of Rocky Mountain National Park [J]. Sci Total Environ, 2021, 785: 147122.

[65] GIRIJAN S K, PAUL R, RK V J, et al. Investigating the impact of hospital antibiotic usage on aquatic environment and aquaculture systems: a molecular study of quinolone resistance in Escherichia coli [J]. Sci Total Environ, 2020, 748: 141538.

[66] 许琳. 正确看待养殖业中抗生素的使用 [J]. 养禽与禽病防治, 2017 (7): 40-43.

[67] 徐士新. 合理使用兽用抗菌药, 控制兽药残留与耐药性 [J]. 中国动物保健, 2019, 21 (10): 2-4.

[68] 王琦. 畜产品兽药残留的危害及检测策略 [J]. 中国动物保健, 2022, 24 (3): 4-5.

[69] 张芊芊. 中国流域典型新型有机污染物排放量估算、多介质归趋模拟及生态风险评估 [D]. 广州: 中国科学院研究生院（广州地球化学研究所）, 2015.

[70] 程宪伟, 梁银秀, 于翔霏, 等. 水体中抗生素污染及其处理技术研究进展 [J]. 环境科学与技术, 2017, 40 (S1): 125-132.

[71] 喻娇, 冯乃宪, 喻乐意, 等. 土壤环境中典型抗生素残留及其与微生物互作效应研究进展 [J]. 微生物学杂志, 2017, 37 (6): 105-113.

[72] 赵方凯, 杨磊, 乔敏, 等. 土壤中抗生素的环境行为及分布特征研究进展 [J]. 土壤, 2017, 49 (3): 428-436.

[73] GANDHI N R, NUNN P, DHEDA K, et al. Multidrug-resistant and extensively drug-resistant tuberculosis: A threat to global control of tuberculosis [J]. Lancet, 2010, 375 (9728): 1830-1843.

[74] CASALI N, NIKOLAYEVSKYY V, BALABANOVA Y, et al. Microevolution of extensively drug-resistant tuberculosis in Russia [J]. Genome Res, 2012, 22 (4): 735-745.

[75] 国家质量监督检验检疫总局. 动物及其制品中细菌耐药性的测定　纸片

扩散法：SN/T 1944—2016 [S]. 2016-08-23.

[76] 谭瑶，赵清，舒为群，等. K-B 纸片扩散法药敏试验 [J]. 检验医学与临床，2010，7（20）：2290-2291.

[77] 周宁，张建新，樊明涛，等. 细菌药物敏感性实验方法研究进展 [J]. 食品工业科技，2012，33（9）：459-464.

[78] 张迎华，张保荣. 全自动微生物分析仪准确性的影响因素及对策分析 [J]. 中国继续医学教育，2021，13（33）：111-114.

[79] 付礼霞，孙铁军，冯念伦. 全自动微生物鉴定和药敏分析仪器的探讨 [J]. 中国医学装备，2005（10）：51-52.

[80] JACQMIN H, SCHUERMANS A, DESMET S, et al. Performance of three generations of Xpert MRSA in routine practice: approaching the aim? [J]. Eur J Clin Microbiol Infect Dis, 2017, 36 (8): 1363-1365.

[81] HOLZKNECHT B J, HANSEN D S, NIELSEN L, et al. Screening for vancomycin-resistant enterococci with Xpert® vanA/vanB: diagnostic accuracy and impact on infection control decision making [J]. New Microbes New Infect, 2017, 16: 54-59.

[82] CORTEGIANI A, RUSSOTTO V, GRAZIANO G, et al. Use of Cepheid Xpert Carba-R® for Rapid Detection of Carbapenemase-Producing Bacteria in Abdominal Septic Patients Admitted to Intensive Care Unit [J]. PLoS ONE, 2016, 11 (8): e0160643.

[83] DALLENNE C, DA COSTA A, DECRÉ D, et al. Development of a set of multiplex PCR assays for the detection of genes encoding important beta-lactamases in Enterobacteriaceae [J]. J Antimicrob Chemother, 2010, 65 (3): 490-495.

[84] SOLANKI R, VANJARI L, SUBRAMANIAN S, et al. Comparative evaluation of multiplex PCR and routine laboratory phenotypic methods for detection of carbapenemases among gram negative Bacilli [J]. J Clin Diagn Res, 2014, 8 (12): DC23-DC26.

[85] POIREL L, WALSH T R, CUVILLIER V, et al. Multiplex PCR for detection of acquired carbapenemase genes [J]. Diagn Microbiol Infect Dis, 2011, 70 (1): 119-123.

[86] GADSBY N J, MCHUGH M P, FORBES C, et al. Comparison of unyvero P55 Pneumonia cartridge, in-house PCR and culture for the identification of respiratory pathogens and antibiotic resistance in bronchoalveolar lavage fluids in the critical care setting [J]. Eur J Clin Microbiol Infect Dis, 2019, 38

（6）：1171-1178.

[87] HISCHEBETH G T, RANDAU T M, BUHR J K, et al. Unyvero i60 implant and tissue infection （ITI） multiplex PCR system in diagnosing periprosthetic joint infection ［J］. J Microbiol Methods, 2016, 121: 27-32.

[88] ANJUM M F, LEMMA F, CORK D J, et al. Isolation and detection of extended spectrum β-lactamase （ESBL）-producing enterobacteriaceae from meat using chromogenic agars and isothermal loop-mediated amplification （LAMP） assays ［J］. J Food Sci, 2013, 78 （12）: M1892-M1898.

[89] GARCÍA-FERNÁNDEZ S, MOROSINI M I, MARCO F, et al. Evaluation of the eazyplex® SuperBug CRE system for rapid detection of carbapenemases and ESBLs in clinical Enterobacteriaceae isolates recovered at two Spanish hospitals ［J］. J Antimicrob Chemother, 2015, 70 （4）: 1047-1050.

[90] MULLANY P. Functional metagenomics for the investigation of antibiotic resistance ［J］. Virulence, 2014, 5 （3）: 443-447.

[91] BARAN W, ADAMEK E, ZIEMIAŃSKA J, et al. Effects of the presence of sulfonamides in the environment and their influence on human health ［J］. J Hazard Mater, 2011, 196: 1-15.

[92] SCHWARZ S, CHASLUS-DANCLA E. Use of antimicrobials in veterinary medicine and mechanisms of resistance ［J］. Vet Res, 2001, 32: 201-225.

[93] BROCHET M, COUVÉ E, ZOUINE M, er al. A naturally occurring gene amplification leading to sulfonamide and trimethoprim resistance in Streptococcus agalactiae ［J］. J Bacteriol, 2008, 190 （2）: 672-680.

[94] QVARNSTROM Y, SWEDBERG G. Variations in gene organization and DNA uptake signal sequence in the folP region between commensal and pathogenic Neisseria species ［J］. BMC Microbiology, 2006, 6: 11.

[95] SKÖLD O. Resistance to trimethoprim and sulfonamides ［J］. Vet Res, 2001, 32: 261-273.

[96] AMBROSE S J, HALL R M. DfrA trimethoprim resistance genes found in Gram-negative bacteria: compilation and unambiguous numbering ［J］. J Antimicrob Chemother, 2021, 76 （11）: 2748-2756.

[97] SÁNCHEZ-OSUNA M, CORTÉS P, BARBÉ J, et al. Origin of the mobile di-hydro-pteroate synthase gene determining sulfonamide resistance in

clinical isolates [J]. Front Microbiol, 2018, 9: 3332.

[98] KOZAK G K, PEARL D L, PARKMAN J, et al. Distribution of sulfonamide resistance genes in Escherichia coli and Salmonella isolates from swine and chickens at abattoirs in ontario and québec, Canada [J]. Appl Environ Microbiol, 2009, 75 (18): 5999-6001.

[99] GRAPE M, SUNDSTRÖM L, KRONVALL G. Sulphonamide resistance gene sul3 found in Escherichia coli isolates from human sources [J]. J Antimicrob Chemother, 2003, 52 (6): 1022-1024.

[100] RAZAVI M, MARATHE N P, GILLINGS M R, et al. Discovery of the fourth mobile sulfonamide resistance gene [J]. Microbiome, 2017, 5 (1): 160.

[101] ALEKSIĆ E, MILJKOVIĆ-SELIMOVIĆ B, TAMBUR Z, et al. Resistance to antibiotics in thermophilic campylobacters [J]. Front Med, 2021, 8: 763434.

[102] PORMOHAMMAD A, NASIRI M J, AZIMI T. Escherichia coli prevalence of antibiotic resistance in strains simultaneously isolated from humans, animals, food, and the environment: a systematic review and meta-analysis [J]. Infect Drug Resist, 2019, 12: 1181-1197.

[103] KIM D W, THAWNG C N, LEE K, et al. A novel sulfonamide resistance mechanism by two-component flavin-dependent monooxygenase system in sulfonamide-degrading actinobacteria [J]. Environ Int, 2019, 127: 206-215.

[104] KIM E S, HOOPER D C. Clinical importance and epidemiology of quinolone resistance [J]. J Infect Chemother, 2014, 46: 226-238.

[105] CORREIA S, POETA P, HÉBRAUD M, et al. Mechanisms of quinolone action and resistance: where do we stand? [J]. J Med Microbiol, 2017, 66: 551-559.

[106] YAN L, XU H. Classification and prevalence of plasmid-mediated quinolone resistance *qnr* genes in China-A review [J]. Wei Sheng Wu Xue Bao, 2016, 56 (2): 169-179.

[107] REDGRAVE L S, SUTTON S B, WEBBER M A, et al. Fluoroquinolone resistance: mechanisms, impact on bacteria, and role in evolutionary success [J]. Trends Microbiol, 2014, 22: 438-445.

[108] HOOPER D C, JACOBY G A. Topoisomerase inhibitors: fluoroquinolone mechanisms of action and resistance [J]. Cold Spring Harb Perspect Med,

2016, 6 (9): a025320.

[109] UTRARACHKIJ F, NAKAJIMA C, CHANGKWANYEUN R, et al. Quinolone resistance determinants of clinical salmonella enteritidis in Thailand [J]. Microb Drug Resist, 2017, 23 (7): 885-894.

[110] ALEKSIĆ E, MILJKOVIĆ-SELIMOVIĆ B, TAMBUR Z. et al. Resistance to antibiotics in thermophilic campylobacters [J]. Front Med, 2021, 8: 763434.

[111] MEHLA K, RAMANA J. Molecular dynamics simulations of quinolone resistance-associated t86i and p104s mutations in campylobacter jejuni gyra: unraveling structural repercussions [J]. Microb Drug Resist, 2018, 24 (3): 232-243.

[112] HASHEM R A, YASSIN A S, ZEDAN H H, et al. Fluoroquinolone resistant mechanisms in methicillin - resistant *Staphylococcus aureus* clinical isolates in Cairo, Egypt [J]. J Infect Dev Ctries, 2013, 7: 796-803.

[113] SIMONI S, VINCENZI C, BRENCIANI A, et al. Molecular characterization of italian isolates of fluoroquinolone-resistant*Streptococcus agalactiae* and relationships with chloramphenicol resistance [J]. Microb Drug Resist, 2018, 24: 225-231.

[114] PETERSEN A, JENSEN L B. Analysis of gyrA and parC mutations in enterococci from environmental samples with reduced susceptibility to ciprofloxacin [J]. FEMS Microbiol Lett, 2004, 231: 73-76.

[115] JIANG X, YU T, ZHOU D, et al. Characterization of quinolone resistance mechanisms in lactic acid bacteria isolated from yogurts in China [J]. Ann of Microbiology, 2016, 66 (3): 1249-1256.

[116] CORREIA S, HÉBRAUD M, CHAFSEY I, et al. Impacts of experimentally induced and clinically acquired quinolone resistance on the membrane and intracellular subproteomes of *Salmonella Typhimurium* DT104B [J]. J Proteomics, 2016, 145: 46-59.

[117] BOLLA J M, ALIBERT-FRANCO S, HANDZLIK J, et al. Strategies for bypassing the membrane barrier in multidrug resistant Gram - negative bacteria [J]. FEBS Letters, 2011, 585: 1682-1690.

[118] VILA J, FÀBREGA A, ROCA I, et al. Efflux pumps as an important mechanism for quinolone resistance [J]. Adv Enzymol Relat Areas Mol Biol, 2011, 77: 167-235.

[119] FERNÁNDEZ L, HANCOCK R W. Adaptive and mutational resistance: role

of porins and efflux pumps in drug resistance [J]. Clin Microbiol Rev, 2012, 25: 661-681.

[120] ALDRED K J, KERNS R J, OSHEROFF N. Mechanism of quinolone action and resistance [J]. Biochemistry, 2014, 53: 1565-1574.

[121] MARTíNEZ-MARTÍNEZ L, PASCUAL A, JACOBY G A. Quinolone resistance from a transferable plasmid [J]. Lancet, 1998, 351: 797-799.

[122] MACHUCA J, ORTIZ M, RECACHA E, et al. Impact of AAC (6´)-Ib-cr in combination with chromosomal-mediated mechanisms on clinical quinolone resistance in Escherichia coli [J]. J Antimicrob Chemother, 2016, 71 (11): 3066-3071.

[123] 张月. 河北省不同地区奶牛乳腺炎主要病原菌的分离鉴定和耐药性研究 [D]. 保定: 河北农业大学, 2015.

[124] WANG S, YU Z, WANG J, et al. Prevalence, drug resistance, and virulence genes of potential pathogenic bacteria in pasteurized milk of Chinese fresh milk bar [J]. J Food Prot, 2021, 84 (11): 1863-1867.

[125] SHI C, YU Z, HO H, et al. Occurrence, antimicrobial resistance patterns, and genetic characterization of *Staphylococcus aureus* isolated from raw milk in the dairy farms over two seasons in China [J]. Microb Drug Resist, 2021, 27 (1): 99-110.

[126] VÁZQUEZ-CHACÓN C A, RODRÍGUEZ-GAXIOLA F J, LÓPEZ-CARRERA C F, et al. Identification of drug resistance mutations among *Mycobacterium bovis* lineages in the americas [J]. PLoS Negl Trop Dis, 2021, 15 (2): e0009145.

[127] REEVES A Z, CAMPBELL P J, SULTANA R, et al. Aminoglycoside cross-resistance in *Mycobacterium tuberculosis* due to mutations in the 5´ untranslated region of whiB7 [J]. Antimicrob Agents Chemother, 2013, 57 (4): 1857-1865.

[128] WARETH G, LINDE E J, HAMMER R P, et al. Phenotypic and WGS-derived antimicrobial resistance profiles of clinical and non-clinical *Acinetobacter baumannii* isolates from Germany and Vietnam [J]. Int J Antimicrob Agents, 2020, 56 (4): 106127.

[129] RÓŻAŃSKA H, LEWTAK-PIŁAT A, KUBAJKA M, et al. Occurrence of enterococci in mastitic cow's milk and their antimicrobial resistance [J]. J Vet Res, 2019, 63 (1): 93-97.

[130] CHOW J W. Aminoglycoside resistance in enterococci [J]. Clin Infect Dis,

2000, 31 (2): 586-589.

[131] HOLLENBECK B L, RICE L B. Intrinsic and acquired resistance mechanisms in enterococcus [J]. Virulence, 2012, 3 (5): 421-433.

[132] BARTASH R, NORI P. Beta-lactam combination therapy for the treatment of *Staphylococcus aureus* and *Enterococcus* species bacteremia: a summary and appraisal of the evidence [J]. Int J Infect Dis, 2017, 63: 7-12.

[133] LIVERMORE D M, WINSTANLEY T G, SHANNON K P. Interpretative reading: recognizing the unusual and inferring resistance mechanisms from resistance phenotypes [J]. J Antimicrob Chemother, 2001, 48 (S1): 87-102.

[134] DAVIES J, WRIGHT G D. Bacterial resistance to aminoglycoside antibiotics [J]. Trends Microbiol, 1997, 5 (6): 234-240.

[135] QUINTIERI L, FANELLI F, CAPUTO L. Antibiotic resistant *Pseudomonas* spp. spoilers in fresh dairy products: an underestimated risk and the control strategies [J]. Foods, 2019, 8 (9): 554-576.

[136] LI X Z, LIVERMORE D M, NIKAIDO H. Role of efflux pump (s) in intrinsic resistance of *Pseudomonas aeruginosa*: resistance to tetracycline, chloramphenicol, and norfloxacin [J]. Antimicrob Agents Chemother, 1994, 38 (8): 1732-1741.

[137] ADEBUSUYI A A, FOGHT J M. An alternative physiological role for the EmhABC efflux pump in *Pseudomonas fluorescens* cLP6a [J]. BMC Microbiol, 2011, 11: 252.

[138] TERÁN W, FELIPE A, SEGURA A, et al. Antibiotic - dependent induction of *Pseudomonas putida* DOT-T1E TtgABC efflux pump is mediated by the drug binding repressor TtgR [J]. Antimicrob Agents Chemother, 2003, 47 (10): 3067-3072.

[139] CEBRIÁN G, SAGARZAZU N, PAGÁN R, et al. Resistance of *Escherichia coli* grown at different temperatures to various environmental stresses [J]. J Appl Microbiol, 2008, 105 (1): 271-278.

[140] WHEAT P F, WINSTANLEY T G, SPENCER R C. Effect of temperature on antimicrobial susceptibilities of *Pseudomonas maltophilia* [J]. J Clin Pathol, 1985, 38 (9): 1055-1058.

[141] HEGSTAD K, MIKALSEN T, COQUE T M, et al. Mobile genetic elements and their contribution to the emergence of antimicrobial resistant *Enterococcus faecalis* and *Enterococcus faecium* [J]. Clin Microbiol Infect,

2010, 16 (6): 541-554.

[142] TAHAR S, NABIL M M, SAFIA T, et al. Molecular characterization of multidrug-resistant *Escherichia coli* isolated from milk of dairy cows with clinical mastitis in Algeria [J]. J Food Prot, 2020, 83 (12): 2173-2178.

[143] JAMALI H, KRYLOVA K, AŸDER M. Identification and frequency of the associated genes with virulence and antibiotic resistance of *Escherichia coli* isolated from cow's milk presenting mastitis pathology [J]. Anim Sci J, 2018, 89 (12): 1701-1706.

[144] YU Z N, WANG J, HO H, et al. Prevalence and antimicrobial-resistance phenotypes and genotypes of *Escherichia coli* isolated from raw milk samples from mastitis cases in four regions of China [J]. J Glob Antimicrob Resist, 2020, 22: 94-101.

[145] NAVRATILOVA P, SCHLEGELOVA J, SUSTACKOVA A, et al. Prevalence of *Listeria* monocytogenes in milk, meat and foodstuff of animal origin and the phenotype of antibiotic resistance of isolated strains [J]. Veterinární Medicína, 2018, (7): 234-245.

[146] BERTSCH D, MUELLI M, WELLER M, et al. Antimicrobial susceptibility and antibiotic resistance gene transfer analysis of foodborne, clinical, and environmental *Listeria* spp. isolates including *Listeria monocytogenes* [J]. Microbiologyopen, 2014, 3 (1): 118-127.

[147] LUNGU B, OBRYAN C A, MUHTAIYAN A, et al. *Listeria monocytogenes*: antibiotic resistance in food production [J]. Foodborne Pathog Dis, 2011, 8 (5): 569-578.

[148] POOLE K. Efflux-mediated antimicrobial resistance [J]. J Antimicrob Chemother, 2005, 56 (1): 20-51.

[149] SOTO S M. Role of efflux pumps in the antibiotic resistance of bacteria embedded in a biofilm [J]. Virulence, 2013, 4 (3): 223-229.

[150] PURWATI E, RADU S, HASSAN Z, et al. Plasmid-mediated streptomycin resistance of *Listeria monocytogenes* [J]. Malays J Med Sci, 2001, 8 (1): 59-62.

[151] DAVIES J, DAVIES D. Origins and evolution of antibiotic resistance [J]. Microbiol Mol Biol Rev, 2010, 74 (3): 417-433.

[152] NGUYEN F, STAROSTA A L, ARENZ S, et al. Tetracycline antibiotics and resistance mechanisms [J]. Biol Chem, 2014, 395 (5): 559-575.

［153］ GROSSMAN T H. Tetracycline antibiotics and resistance ［J］. Cold Spring Harb Perspect Med, 2016, 6 (4): a025387.

［154］ COLAUTTI A, ARNOLDI M, COMI G, et al. Antibiotic resistance and virulence factors in *Lactobacilli*: something to carefully consider ［J］. Food Microbiol, 2022, 103: 103934.

［155］ ANISIMOVA E A, YARULLINA D R. Antibiotic resistance of *Lactobacillus* Strains ［J］. Curr Microbiol, 2019, 76 (12): 1407-1416.

［156］ GUO H, PAN L, LI L, et al. Characterization of antibiotic resistance genes from *Lactobacillus* isolated from traditional dairy products ［J］. J Food Sci, 2017, 82 (3): 724-730.

［157］ GAD G F, ABDEL-HAMID A M, FARAG Z S. Antibiotic resistance in lactic acid bacteria isolated from some pharmaceutical and dairy products ［J］. Braz J Microbiol, 2014, 45 (1): 25-33.

［158］ DEVIRGILIIS C, COPPOLA D, BARILE S, et al. Characterization of the Tn916 conjugative transposon in a food-borne strain of *Lactobacillus paracasei* ［J］. Appl Environ Microbiol, 2009, 75 (12): 3866-3871.

［159］ MORANDI S, SILVETTI T, MIRANDA LOPEZ J M, et al. Antimicrobial Activity, Antibiotic Resistance and the Safety of Lactic Acid Bacteria in Raw Milk Valtellina Casera Cheese ［J］. Ital J Food Saf, 2014, 35 (2): 193-205.

［160］ YANG C, YU T. Characterization and transfer of antimicrobial resistance in lactic acid bacteria from fermented dairy products in China ［J］. J Infect Dev Ctries, 2019, 13 (2): 137-148.

［161］ WALTHER C, ROSSANO A, THOMANN A, et al. Antibiotic resistance in *Lactococcus* species from bovine milk: presence of a mutated multidrug transporter mdt (A) gene in susceptible *Lactococcus garvieae* strains ［J］. Vet Microbiol, 2008, 131 (3): 348-357.

［162］ WANG H H, MANUZON M, LEHMAN M, et al. Food commensal microbes as a potentially important avenue in transmitting antibiotic resistance genes ［J］. FEMS Microbiol Lett, 2006, 254 (2): 226-231.

［163］ ZARZECKA U, CHAJECK A-WIERZCHOWSKA W, ZADERNOWSKA A. Microorganisms from starter and protective cultures-occurrence of antibiotic resistance and conjugal transfer of tet genes *in vitro* and during food fermentation ［J］. LWT, 2022, 153: 112490.

［164］ ORTH P, SCHNAPPINGER D, HILLEN W, et al. Structural basis of gene regulation by the tetracycline inducible Tet repressor – operator system [J]. Nat Struct Biol, 2000, 7 (3): 215–219.

[165] ORTH P, SCHNAPPINGER D, SUM P E, et al. Crystal structure of the tet repressor in complex with a novel tetracycline, 9– (N, N–dimethylgly-cylamido) –6–demethyl–6–deoxy–tetracycline [J]. J Mol Biol, 1999, 285 (2): 455–461.

[166] NDIEYIRA J W, PATIL S B, PATIL S J S R. Surface mediated cooperative interactions of drugs enhance mechanical forces for antibiotic action [J]. Sci Rep, 2017, 7 (4): 41206.

[167] KAPOOR G, SAIGAL S, ELONGAVAN A. Action and resistance mechanisms of antibiotics: a guide for clinicians [J]. J Anaesthesiol Clin Pharmacol, 2017, 33 (3): 300–305.

[168] SPEER B S, SALYERS A A. Characterization of a novel tetracycline resistance that functions only in aerobically grown *Escherichia coli* [J]. J Bacteriol, 1988, 170 (4): 1423–1429.

[169] AMINOV R I. Evolution in action: dissemination of tet (X) into pathogenic microbiota [J]. Front Microbiol, 2013, 4: 192.

[170] CATTORI V, ISNADR C, COSQUER T, et al. Genomic analysis of reduced susceptibility to tigecycline in *Enterococcus faecium* [J]. Antimicrob Agents Chemother, 2015, 59 (1): 239–244.

[171] VILA L, FEUDI C, FORTINI D, et al. Genomics of KPC–producing *Klebsiella pneumoniae* sequence type 512 clone highlights the role of RamR and ribosomal S10 protein mutations in conferring tigecycline resistance [J]. Antimicrob Agents Chemother, 2014, 58 (3): 1707–1712.

[172] LUPIEN A, GINGRAS H, LEPROOHONN P, et al. Induced tigecycline resistance in *Streptococcus pneumoniae* mutants reveals mutations in ribosomal proteins and rRNA [J]. J Antimicrob Chemother, 2015, 70 (11): 2973–2980.

[173] CONNELL S R, TRACZ D M, NIERHAUS K H, et al. Ribosomal protection proteins and their mechanism of tetracycline resistance [J]. Antimicrob Agents Chemother, 2003, 47 (12): 3675–3681.

[174] LI W, ATKINSON G C, THAKOR N S, et al. Mechanism of tetracycline resistance by ribosomal protection protein Tet (O) [J]. Nat Commun, 2013, 4: 1477.

[175] BEABOUT K, HAMMERSTROM T G, WANG T T, et al. Rampant para-

sexuality evolves in a hospital pathogen during antibiotic selection [J]. Mol Biol Evol, 2015, 32 (10): 2585-2597.

[176] ROSA N M, DUPRÈ I, AZARA E, et al. Molecular typing and antimicrobial susceptibility profiles of *Streptococcus uberis* isolated from sheep milk [J]. Pathogens, 2021, 10 (11): 489.

[177] AGERSØ Y, PEDERSEN A G, AARESTRUP F M. Identification of Tn5397-like and Tn916-like transposons and diversity of the tetracycline resistance gene tet (M) in *Enterococci* from humans, pigs and poultry [J]. J Antimicrob Chemother, 2006, 57 (5): 832-839.

[178] AQUION M H, FILGUEIRAS A L, FERREIRA M C, et al. Antimicrobial resistance and plasmid profiles of *Campylobacter jejuni* and *Campylobacter coli* from human and animal sources [J]. Lett Appl Microbiol, 2002, 34 (2): 149-153.

[179] BLAKE D P, HUMPHRY R W, SCOTT K P, et al. Influence of tetracycline exposure on tetracycline resistance and the carriage of tetracycline resistance genes within commensal *Escherichia coli* populations [J]. J Appl Microbiol, 2003, 94 (6): 1087-1097.

[180] HALBERT L W, KANEENE J B, LINZ J, et al. Genetic mechanisms contributing to reduced tetracycline susceptibility of *Campylobacter* isolated from organic and conventional dairy farms in the midwestern and northeastern United States [J]. J Food Prot, 2006, 69 (3): 482-488.

[181] WANG Y, TAYLOR D E. A DNA sequence upstream of the tet (O) gene is required for full expression of tetracycline resistance [J]. Antimicrob Agents Chemother, 1991, 35 (10): 2020-2025.

[182] POURSHABAN M, FERRINI A M, MANNONI V, et al. Transferable tetracycline resistance in *Listeria monocytogenes* from food in Italy [J]. J Med Microbiol, 2002, 51 (7): 564-597.

[183] ANACARSO I, ISEPPI R, SABIA C, et al. Conjugation - mediated transfer of antibiotic - resistance plasmids between enterobacteriaceae in the digestive tract of blaberus craniifer (blattodea: blaberidae) [J]. J Med Entomol, 2016, 53 (3): 591-597.

[184] SCHWARZ S, KEHRENBERG C, DUBLET B, et al. Molecular basis of bacterial resistance to chloramphenicol and florfenicol [J]. FEMS Microbiol Rev, 2004, 28 (5): 519-542.

[185] VERMA P, TIWARI M, TIWARI V. Efflux pumps in multidrug-resistant

Acinetobacter baumannii：current status and challenges in the discovery of efflux pumps inhibitors [J]. Microb Pathog, 2021, 152：104766.

[186] MURRAY I A, SHAW W V. O-Acetyltransferases for chloramphenicol and other natural products [J]. Antimicrob Agents Chemother, 1997, 41 (1)：1-6.

[187] JAMET E, AKARY E, POISSON M A, et al. Prevalence and characterization of antibiotic resistant *Enterococcus faecalis* in French cheeses [J]. Food Microbiol, 2012, 31 (2)：191-198.

[188] HUMMEL A, HOLZAPFEL W H, FRANZ C M. Characterisation and transfer of antibiotic resistance genes from *Enterococci* isolated from food [J]. Syst Appl Microbiol, 2007, 30 (1)：1-7.

[189] BAE S H, YOON S, KIM K, et al. Comparative analysis of chloramphenicol-resistant *Enterococcus faecalis* isolated from dairy companies in korea [J]. Vet Sci, 2021, 8 (8)：143-152.

[190] LIN C F, FUNG Z F, WU C L, et al. Molecular characterization of a plasmid-borne (pTC82) chloramphenicol resistance determinant (cat-TC) from *Lactobacillus reuteri* G4 [J]. Plasmid, 1996, 36 (2)：116-124.

[191] ABRIOUEL H, CASADO MUñOZ M D C, LAVILLA L L, et al. New insights in antibiotic resistance of *Lactobacillus* species from fermented foods [J]. Food Res Int, 2015, 78：465-481.

[192] ABRIOUEL H, LERMA L L, CASADO MUñOZ M C, et al. The controversial nature of the weissella genus：technological and functional aspects versus whole genome analysis-based pathogenic potential for their application in food and health [J]. Front Microbiol, 2015, 6：1197.

[193] LIU Y, WANG Y, WU C, et al. First report of the multidrug resistance gene cfr in *Enterococcus faecalis* of animal origin [J]. Antimicrob Agents Chemother, 2012, 56 (3)：1650-1654.

[194] GIESSING A M, JENSEN S S, RASMUSSEN A, et al. Identification of 8-methyladenosine as the modification catalyzed by the radical SAM methyltransferase Cfr that confers antibiotic resistance in bacteria [J]. Rna, 2009, 15 (2)：327-336.

[195] ABUSHAHEEN M A, MUZAHEED, FATANI A J, et al. Antimicrobial resistance, mechanisms and its clinical significance [J]. Dis Mon, 2020, 66 (6)：100971.

[196] 朱安祥, 朱瑞奇, 吴韩, 等. β-内酰胺类抗生素耐药机制研究进展

[J]. 江西畜牧兽医杂志, 2019 (2): 1-3.

[197] ZAPUN A, CONTRERAS-MARTEL C, VERNET T. Penicillin-binding proteins and beta-lactam resistance [J]. FEMS Microbiol Rev, 2008, 32 (2): 361-385.

[198] TANG S S, APISARNTHANARAK A, HSU L Y. Mechanisms of β-lactam antimicrobial resistance and epidemiology of major community and healthcare-associated multidrug-resistant bacteria [J]. Adv Drug Deliv Rev, 2014, 78: 3-13.

[199] ZEINAB B, BUTHAINA J, RAFIK K. Resistance of Gram-Negative Bacteria to Current Antibacterial Agents and Approaches to Resolve It [J]. Molecules (Basel, Switzerland), 2020, 25 (6): 1340.

[200] 吴博, 严非, 付朝伟. 中美细菌耐药监测及治理演变比较 [J]. 中国卫生资源, 2021, 24 (5): 615-618.

[201] 谭赛娟, 彭华保, 陈虹亮. 肺炎链球菌对 β-内酰胺类抗生素耐药机制的研究进展 [J]. 中南医学科学杂志, 2020, 48 (4): 342-345, 363.

[202] BUSH K. Alarmingβ-lactamase-mediated resistance in multidrug-resistant *Enterobacteriaceae* [J]. Curr Opin Microbiol, 2010, 13 (5): 558-564.

[203] PITOUT J D, LAUPLAND K B. Extended-spectrum beta-lactamase-producing *Enterobacteriaceae*: an emerging public-health concern [J]. The Lancet. Infectious diseases, 2008, 8 (3): 159-166.

[204] PEIRANO G, PITOUT J D D. Extended-spectrumβ-lactamase-producing enterobacteriaceae: update on molecular epidemiology and treatment options [J]. Drugs, 2019, 79 (14): 1529-1541.

[205] BEVAN E R, JONES A M, HAWKEY P M. Global epidemiology of CTX-Mβ-lactamases: temporal and geographical shifts in genotype [J]. The J Antimicrob Chemother, 2017, 72 (8): 2145-2155.

[206] PFEIFER Y, CULLIK A, WITTE W. Resistance to cephalosporins and carbapenems in gram-negative bacterial pathogens [J]. Int J Med Microbiol: IJMM, 2010, 300 (6): 371-379.

[207] POIREL L, MADEC J Y, LUPO A, et al. Antimicrobial resistance in *Escherichia coli* [J]. Microbiol Spectr, 2018, 6 (4): 226.

[208] CARATTOLI A. Plasmids and the spread of resistance [J]. Int J Med Microbiol: IJMM, 2013, 303 (6-7): 298-304.

[209] FREITAG C, MICHAEL G B, KADLEC K, et al. Detection of plasmid-borne extended-spectrum β-lactamase (ESBL) genes in *Escherichia coli* isolates from bovine mastitis [J]. Vet Microbiol, 2017, 200: 151-156.

[210] PHILIPPON A, ARLET G, JACOBY G A, Plasmid-determined AmpC-type beta-lactamases [J]. Antimicrob Agents Chemother, 2002, 46 (1): 1-11.

[211] CODJOE F S, DONKOR E S. Carbapenem resistance: a review [J]. Med Sci (Basel), 2017, 6 (1): 1.

[212] WALSH T R. Clinically significant carbapenemases: an update [J]. Curr Opin Infect Dis, 2008, 21 (4): 367-371.

[213] CODJOE F S, DONKOR E S. Carbapenem Resistance: a review [J]. Med Sci (Basel), 2017, 6 (1): 339.

[214] HAO H, DAI M, WANG Y, et al. Key genetic elements and regulation systems in methicillin-resistant *Staphylococcus aureus* [J]. Future Microbiol, 2012, 7 (11): 1315-1329.

[215] FISHER J F, MOBASHERY S. β-Lactams against the fortress of the gram-positive *Staphylococcus aureus* bacterium [J]. Chem Rev, 2021, 121 (6): 3412-3463.

[216] 马传新, 唐海英. β-内酰胺抗生素的耐药机制及对策 [J]. 中国医院药学杂志, 2000 (12): 39-41.

[217] 王艺晖, 杨慧君, 李晓娜, 等. 青霉素结合蛋白与产β-内酰胺酶细菌耐药性的研究进展 [J]. 畜牧与兽医, 2016, 48 (11): 105-107.

[218] FOSTER T J. Antibiotic resistance in *Staphylococcus aureus*. current status and future prospects [J]. FEMS Microbiol Rev, 2017, 41 (3): 430-449.

[219] GARCÍA-CASTELLANOS R, MALLORQUÍ-FERNÁNDEZ G, MARRERO A, et al. On the transcriptional regulation of methicillin resistance: MecI repressor in complex with its operator [J]. J Biol Chem, 2004, 279 (17): 17888-17896.

[220] GARCÍA-CASTELLANOS R, MARRERO A, MALLORQUÍ-FERNÁNDEZ G, et al. Three-dimensional structure of MecI. molecular basis for transcriptional regulation of staphylococcal methicillin resistance [J]. J Biol Chem, 2003, 278 (41): 39897-39905.

[221] PEACOCK S J, PATERSON G K. Mechanisms of Methicillin Resistance in *Staphylococcus aureus* [J]. Annu Rev Biochem, 2015, 84: 577-601.

［222］ BERGER-BÄCHI B. Genetic basis of methicillin resistance in *Staphylococcus aureus* ［J］. Cell Mol Life Sci：CMLS, 1999, 56 (9-10)：764-770.

［223］ 管程程, 于美美, 高伟, 等. 金黄色葡萄球菌的致病和耐药机制研究进展 ［J］. 实验与检验医学, 2017, 35 (1)：1-4.

［224］ GARCÍA-ÁLVAREZ L, HOLDEN M T, LINDSAY H, et al. Meticillin-resistant *Staphylococcus aureus* with a novel mecA homologue in human and bovine populations in the UK and Denmark：a descriptive study ［J］. The Lancet Infect Dis, 2011, 11 (8)：595-603.

［225］ 许文, 杨联云. 耐甲氧西林金黄色葡萄球菌流行病学和耐药机制研究进展 ［J］. 检验医学与临床, 2013, 10 (1)：75-78.

［226］ 陈斌泽, 李泽慧, 冯强生, 等. 耐甲氧西林金黄色葡萄球菌耐药机制与分子分型研究进展 ［J］. 检验医学与临床, 2016, 13 (19)：2824-2827.

［227］ MILLER W R, MUNITA J M, ARIAS C A. Mechanisms of antibiotic resistance in *Enterococci* ［J］. Expert Rev Anti-infect Ther, 2014, 12 (10)：1221-1236.

［228］ TORRES C, ALONSO CA, RUIZ-RIPA L, et al. Antimicrobial resistance in *Enterococcus* spp. of animal origin ［J］. Microbiol Spectr, 2018, 6 (4)：267-281.

［229］ 童乐艳, 许淑珍. 肠球菌对 β-内酰胺类抗生素耐药机制的研究进展 ［J］. 临床和实验医学杂志, 2005 (1)：34-38.

［230］ RICE L B, BELLAIS S, CARIAS L L, et al. Impact of specific pbp5 mutations on expression of beta-lactam resistance in *Enterococcus faecium* ［J］. Antimicrob Agents Chemother, 2004, 48 (8)：3028-3032.

［231］ NOVAIS C, TEDIM A P, LANZA V F, et al. Co-diversification of *Enterococcus faecium* core genomes and PBP5：evidences of pbp5 horizontal transfer ［J］. Front Microbiol, 2016, 7：1581.

［232］ KRISTICH C J, LITTLE J L, HALL C L, et al. Reciprocal regulation of cephalosporin resistance in *Enterococcus faecalis* ［J］. mBio, 2011, 2 (6)：e00199-11.

［233］ IANNETTA A A, MINTON N E, UITENBROEK A A, et al. IreK-Mediated, cell wall-protective phosphorylation in *Enterococcus faecalis* ［J］. J Proteome Res, 2021, 20 (11)：5131-5144.

［234］ KONOVALOVA A, KAHNE D E, SILHAVY T J. Outer membrane biogenesis ［J］. Annu Rev Microbiol, 2017, 71：539-556.

［235］ ZGURSKAYA H I, RYBENKOV V V. Permeability barriers of gram - negative pathogens ［J］. Ann N N Acad Sci, 2020, 1459 (1)：5-18.

［236］ BASLÉ A, RUMMEL G, STORICI P, et al. Crystal structure of osmoporin OmpC from *E. coli* at 2.0 A ［J］. Journal of molecular biology, 2006, 362 (5)：933-942.

［237］ DELCOUR A H. Outer membrane permeability and antibiotic resistance ［J］. Biochim Biophys Acta, 2009, 1794 (5)：808-816.

［238］ VERGALLI J, BODRENKO I V, MASI M, et al. Porins and small-molecule translocation across the outer membrane of gram-negative bacteria, Nature reviews ［J］. Microbiology, 2020, 18 (3)：164-176.

［239］ TIWARI S, JAMAL S B, HASSAN S S, et al. Two - component signal transduction systems of pathogenic bacteria as targets for antimicrobial therapy: an overview ［J］. Front Microbiol, 2017, 8：1878.

［240］ DELIHAS N. Discovery and characterization of the first non - coding RNA that regulates gene expression, micF RNA: a historical perspective ［J］. World J Biol Chem, 2015, 6 (4)：272-280.

［241］ DAVIN-REGLI A, BOLLA J M, JAMES C E, et al. Membrane permeability and regulation of drug " influx and efflux" in *Enterobacterial pathogens* ［J］. Curr Drug Targets, 2008, 9 (9)：750-759.

［242］ 褚玲. 大肠杆菌耐药机制初探 ［D］. 呼和浩特：内蒙古大学，2021.

［243］ FARHAT N, ALI A, BONOMO R A, et al. Efflux pumps as interventions to control infection caused by drug-resistance bacteria ［J］. Drug Discov Today, 2020, 25 (12)：2307-2316.

［244］ DELMAR J A, SU C C, YU E W. Bacterial multidrug efflux transporters ［J］. Annu Rev Biophys, 2014, 43：93-117.

［245］ BLAIR J M, RICHMOND G E, PIDDOCK L J. Multidrug efflux pumps in gram-negative bacteria and their role in antibiotic resistance ［J］. Future Microbiol, 2014, 9 (10)：1165-1177.

［246］ SHI X, CHEN M, YU Z, et al. In situ structure and assembly of the multidrug efflux pump AcrAB - TolC ［J］. Nat Commun, 2019, 10 (1)：2635.

［247］ MÜLLER R T, POS K M. The assembly and disassembly of the AcrAB - TolC three - component multidrug efflux pump ［J］. Biol Chem, 2015, 396 (9-10)：1083-1089.

［248］ WESTON N, SHARMA P, RICCI V, et al. Regulation of the AcrAB-TolC efflux pump in *Enterobacteriaceae* [J]. Res Microbiol, 2018, 169 (7 - 8): 425-431.

[249] 侯进慧. 大肠杆菌的 AcrAB-TolC 多药外排泵及其调控研究进展 [J]. 微生物学通报, 2008, 35 (12): 1932-1937.

[250] Gong Z, Li H, Cai Y, et al. Biology of MarR family transcription factors and implications for targets of antibiotics against tuberculosis [J]. J Cell Physiol, 2019, 234 (11): 19237-19248.

[251] 韦立志, 李发娟, 何乃奥, 等. 大环内酯类抗生素作用机制及耐药机制和应用的研究进展 [J]. 临床合理用药杂志, 2019, 12 (15): 175-178.

[252] VÁZQUEZ-LASLOP N, MANKIN A S. How macrolide antibiotics work [J]. Trends Biochem Sci, 2018, 43 (9): 668-684.

[253] FYFE C, GROSSMAN T H, KERSTEIN K, et al. Resistance to macrolide antibiotics in public health pathogens [J]. Cold Spring Harb Perspect Med, 2016, 6 (10): 543.

[254] MIKLASIŃSKA-MAJDANIK M. Mechanisms of resistance to macrolide antibiotics among *staphylococcus aureus* [J]. Antibiotics (Basel), 2021, 10 (11): 406-413.

[255] LECLERCQ R. Mechanisms of resistance to macrolides and lincosamides: nature of the resistance elements and their clinical implications [J]. Clin Infect Dis, 2002, 34 (4): 482-492.

[256] SVETLOV M S, SYROEGIN E A, ALEKSANDROVA E V, et al. Structure of erm-modified 70S ribosome reveals the mechanism of macrolide resistance [J]. Nat Chem Biol, 2021, 17 (4): 412-420.

[257] BISHR A S, ABDELAZIZ S M, YAHIA I S, et al. Association of macrolide resistance genotypes and synergistic antibiotic combinations for combating macrolide-resistant mrsa recovered from hospitalized patients [J]. Biology (Basel), 2021, 10 (7): 624.

[258] FEBLER A T, WANG Y, WU C, et al. Mobile macrolide resistance genes in *Staphylococci* [J]. Plasmid, 2018, 99: 2-10.

[259] ARENZ S, WILSON D N. Bacterial protein synthesis as a target for antibiotic inhibition [J]. Cold Spring Harb Perspect Med, 2016, 6 (9): 361-377.

[260] FARRELL D J, DOUTHWAITE S, MORRISSEY I, et al. Macrolide resistance by ribosomal mutation in clinical isolates of *Streptococcus pneumoniae*

from the PROTEKT 1999-2000 study ［J］. Antimicrob Agents Chemother, 2003, 47 (6): 1777-1783.

［261］ GOMES C, MARTÍNEZ-PUCHOL S, PALMA N, et al. Macrolide resistance mechanisms in enterobacteriaceae: focus on azithromycin ［J］. Crit Rev Microbiol, 2017, 43 (1): 1-30.

［262］ KANNAN K, MANKIN A S. Macrolide antibiotics in the ribosome exit tunnel: species-specific binding and action ［J］. Ann N Y Acad Sci, 2011, 1241: 33-47.

［263］ ZAMAN S, FITZPATRICK M, LINDAHL L, et al. Novel mutations in ribosomal proteins L4 and L22 that confer erythromycin resistance in *Escherichia coli* ［J］. Mol Microbiol, 2007, 66 (4): 1039-1050.

［264］ PIHLAJAMÄKI M, KATAJA J, SEPPÄLÄ H, et al. Ribosomal mutations in *Streptococcus pneumoniae* clinical isolates ［J］. Antimicrob Agents Chemother, 2002, 46 (3): 654-658.

［265］ GABASHVILI I S, GREGORY S T, VALLE M, et al. The polypeptide tunnel system in the ribosome and its gating in erythromycin resistance mutants of L4 and L22 ［J］. Molecular cell, 2001, 8 (1): 181-188.

［266］ MORAR M, PENGELLY K, KOTEVA K, et al. Mechanism and diversity of the erythromycin esterase family of enzymes ［J］. Biochemistry, 2012, 51 (8): 1740-1751.

［267］ ARTHUR M, COURVALIN P. Contribution of two different mechanisms to erythromycin resistance in *Escherichia coli* ［J］. Antimicrob Agents Chemother, 1986, 30 (5): 694-700.

［268］ SHAKYA T, WRIGHT G D. Nucleotide selectivity of antibiotic kinases ［J］. Antimicrob Agents Chemother, 2010, 54 (5): 1909-1913.

［269］ DINOS G P. The macrolide antibiotic renaissance ［J］. Br J Pharmacol, 2017, 174 (18): 2967-2983.

［270］ LAW C J, MALONEY P C, WANG D N. Ins and outs of major facilitator superfamily antiporters ［J］. Annu Rev Microbiol, 2008, 62: 289-305.

［271］ VIMBERG V, LENART J, JANATA J, et al. ClpP-independent function of ClpX interferes with telithromycin resistance conferred by Msr (A) in *Staphylococcus aureus* ［J］. Antimicrob Agents Chemother, 2015, 59 (6): 3611-3614.

［272］ LAGE H. ABC-transporters: implications on drug resistance from microorganisms to human cancers ［J］. Int J Antimicrob Agents, 2003; 22 (3):

188-199.

[273] SPÍŽEK J, ŘEZANKA T. Lincosamides: Chemical structure, biosynthesis, mechanism of action, resistance, and applications [J]. Biochem Pharmacol, 2017, 133: 20-28.

[274] ZHAO Q, WENDLANDT S, LI H, et al. Identification of the novel lincosamide resistance gene lnu (E) truncated by ISEnfa5-cfr-ISEnfa5 insertion in *Streptococcus suis*: de novo synthesis and confirmation of functional activity in *Staphylococcus aureus* [J]. Antimicrob Agents Chemother, 2014, 58: 1785-1788.

[275] LOZANO C, ASPIROZ C, SÁENZ Y, et al. Genetic environment and location of the lnu (A) and lnu (B) genes in methicillin-resistant *Staphylococcus aureus* and other staphylococci of animal and human origin [J]. J Antimicrob Chemother, 2012, 67: 2804-2808.

[276] WU Y Z, ZHANG H W, SUN Z H, et al. Bysspectin A, an unusual octaketide dimer and the precursor derivatives from the endophytic fungus Byssochlamys spectabilis IMM0002 and their biological activities. Depletion of pentachlorophenol in soil microcosms with Byssochlamys nivea and Scopulario [J]. Eur J Med Chem, 2018, 1 (4): 216-231.

[277] MONTILLA A, ZAVALA A, CÁCERES C R, et al. Genetic environment of the lnu (B) gene in a *Streptococcus agalactiae* clinical isolate [J]. Antimicrob Agents Chemother, 2014, 58: 5636-5637.

[278] AGENTSCHEMOTHERAPY A. Lincomycin resistance gene lnu (D) in *Streptococcus uberis* [J]. Eur Rev, 2004, 9 (1): 240-250.

[279] ZHAO Q, WENDLANDT S, LI H, et al. Identification of the novel lincosamide resistance gene lnu (E) truncated by ISEnfa5-cfr-ISEnfa5 insertion in *Streptococcus suis*: de novo synthesis and confirmation of functional activity in *Staphylococcus aureus* [J]. Antimicrob Agents Chemother, 2014, 58: 1785-1788.

[280] WENDLANDT S, SHEN J, KADLEC K, et al. Multidrug resistance genes in *Staphylococci* from animals that confer resistance to critically and highly important antimicrobial agents in human medicine [J]. Trends Microbiol, 2015, 23: 44-54.

[281] ISNARD C, MALBRUNY B, LECLERCQ R, et al. Genetic basis for *in vitro* and *in vivo* resistance to *Lincosamides*, *Streptogramins A*, and *Pleuromutilins* (LSAP phenotype) in *Enterococcus faecium* [J]. Antimicrob

Agents Chemother, 2013, 57: 4463-4469.

[282] KEHRENBERG C, OJO K, SCHWARZ S. Nucleotide sequence and organization of the multiresistance plasmid pSCFS1 from *Staphylococcus sciuri* [J]. J Antimicrob Chemother, 2004, 54: 936-939.

[283] MALBRUNY B, WERNO A M, MURDOCH D R, et al. Cross-resistance to *Lincosamides*, *Streptogramins A*, and *Pleuromutilins* due to the lsa (C) gene in *Streptococcus agalactiae* UCN70 [J]. Antimicrob Agents Chemother, 2011, 55: 1470-1474.

[284] TREBOSC V, GARTENMANN S, TÖTZL M, et al. Dissecting colistin resistance mechanisms in extensively drug-resistant *Acinetobacter baumannii* clinical isolates [J]. mBio, 2019, 10: e1083-19.

[285] NEEDHAM B D, TRENT M S. Fortifying the barrier: the impact of lipid a remodelling on bacterial pathogenesis [J]. Nat Rev Microbiol, 2013, 11: 467-481.

[286] 李锐. 沙门氏菌体外诱导株对多黏菌素的抗性机制研究 [D]. 合肥: 安徽农业大学, 2021.

[287] OLAITAN A O, MORAND S, ROLAIN J M. Mechanisms of polymyxin resistance: acquired and intrinsic resistance in bacteria [J]. Front Microbiol, 2014, 5: 643.

[288] LIU Y, WANG Y, WALSH T R, et al. Emergence of plasmid-mediated colistin resistance mechanism MCR-1 in animals and human beings in China: a microbiological and molecular biological study [J]. Lancet Infect Dis, 2016, 16: 161-168.

[289] ROLAIN J M, KEMPF M, LEANGAPICHART T, et al. Plasmid-mediated mcr-1 gene in colistin-esristant clinical isolates of *Klebsiella pneumoniae* in France and Laos [J]. Antimicrob Agents Chemother, 2016, 60: 6994-6995.

[290] LIU Y, WANG Y, WALSH T R, et al. Emergence of plasmid-mediated colistin resistance mechanism MCR-1 in animals and human beings in China: a microbiological and molecular biological study [J]. Lancet Infect Dis, 2016, 16: 161-168.

[291] POIREL L, JAYOL A, NORDMANN P. Polymyxins: antibacterial activity, susceptibility testing, and resistance mechanisms encoded by plasmids or chromosomes [J]. Clin Microbiol Rev, 2017, 30: 557-596.

[292] XAVIER B B, LAMMENS C, RUHAL R, et al. Identification of a novel

plasmid-mediated colistin-resistance gene, mcr-2, in *Escherichia coli*, Belgium, June 2016 [J]. Euro Surveill, 2016, 21 (27): 30280.

[293] HAMEED M F, CHEN Y, BILAL H, et al. The Co-occurrence of mcr-3 and fosA3 in IncP plasmid in ST131 *Escherichia coli*: a novel case [J]. J Infect Dev Ctries, 2022, 16: 622-629.

[294] CARATTOLI A, VILLA L, FEUDI C, et al. Novel plasmid-mediated colistin resistance mcr-4 gene in *Salmonella* and *Escherichia coli*, Italy 2013, Spain and Belgium, 2015 to 2016 [J]. Euro Surveill, 2017, 22 (31): 30589.

[295] BOROWIAK M, FISCHER J, HAMMERL J A, et al. Identification of a novel transposon-associated phosphoethanolamine transferase gene, mcr-5, conferring colistin resistance in d-tartrate fermenting Salmonella enterica subsp. enterica serovar Paratyphi B [J]. J Antimicrob Chemother, 2017, 72: 3317-3324.

[296] 包秀慧. 牛乳源致病菌检测技术的发展及其对乳品安全的意义明 [J]. 中国病原生物学杂志, 2020, 15 (7), 854-858.

[297] TONG J J, ZHANG H, ZHANG Y H, et al. Microbiome and metabolome analyses of milk from dairy cows with subclinical *Streptococcus agalactiae* mastitis-potential biomarkers [J]. Front Microbiol, 2019, 10: 2547.

[298] 黄凯, 韩超. 牧场无乳链球菌的危害与清除计划实施要点 [J]. 中国乳业, 2020 (10): 3-6.

[299] YANG Y, LIU Y, DING Y, et al. Molecular characterization of *Streptococcus agalactiae* isolated from bovine mastitis in Eastern China [J]. PloS ONE 2013, 8, e67755.

[300] RENSEN S, KNUD P, CLAUDIA G, et al. Emergence and global dissemination of host-specific *Streptococcus agalactiae* clones [J]. Mbio, 2010, 1, e00178-00110.

[301] CARVALHO-CASTRO, SILVA J R, PAIVA L V, et al. Molecular epidemiology of *Streptococcus agalactiae* isolated from mastitis in Brazilian dairy herds [J]. Brazilian Journal of Microbiology, 2017, 48 (3): 551-559.

[302] SAED E, IBRAHIM H. Antimicrobial profile of multidrug-resistant *Streptococcus* spp. isolated from dairy cows with clinical mastitis [J]. J Adv Vet Anim Res, 2020, 7 (2): 186-197.

[303] GODKIN M A. The relationships between bulk tank milk culture, management factors used in mastitis control and the herd prevalenceof mastitis

[C] //31nt Symp Bovine Mastitis, Indianapolis, Indiana, 1990, 368 - 374.

[304] GUILLEMETTE J M, BOUCHARD E, BIGRAS-POULIN M, et al. Etude surla prevalence de *Streptococcus agalactiae* et *Staphylococcus aureus* dans les troupeaux du Quebec par la culture sequentientielle du reservoir [J]. Proc Am Assoc Bovine Pract World Assoc Buiatrics, 1992 (3): 377-382.

[305] SCHOONDERWOERD M. Prevalence of *Streptococcus agalactiae* in Alberta dairy herds [C] //Farming for the Future 9 1.0845; Alberta Agriculture, Food and Rural Development, 1993.

[306] YANG Y C, LIU Y L, DING Y L, et al. Molecular characterization of *Streptococcus agalactiae* isolated from bovine mastitis in Eastern China [J]. PLoS ONE, 2013, 8 (7): 67755.

[307] RAINARD P, FOUCRAS G, FITZGERALD J R, et al. Knowledge gaps and research priorities in *Staphylococcus aureus* mastitis control [J]. Transbound Emerg Dis, 2018, 65 (1): 149-165.

[308] VARELA-ORTIZ D F, BARBOZA-CORONA J E, GONZALEZ-MAR-RERO J, et al. Antibiotic susceptibility of *Staphylococcus aureus* isolated from subclinical bovine mastitis cases and in vitro efficacy of bacteriophage [J]. Vet Res Commun, 2018, 42 (3): 243-250.

[309] 屈云, 佟尧, 谈永萍, 等. 牦牛屠宰中金黄色葡萄球菌分离菌株的流行特征 [J]. 食品科学, 2020, 41 (17): 169-175.

[310] GIADA M, STEFANO B, GIULIETTA M, et al. Virulence genes of *S. aureus* from dairy cow mastitis and contagious-ness risk [J]. Toxins, 2017, 9 (9): 195.

[311] 孙志华, 刘君, 张辉, 等. 牛源耐药性金黄色葡萄球菌的分离鉴定及黏附因子基因 *FnBP* 和 *clfAl* 的表达分析 [J]. 西北农业学报, 2014, 23 (6): 22-28.

[312] 迟佳琦, 李闯婷, 朱战波, 等. 奶牛乳腺炎金黄色葡萄球菌毒力因子及荚膜基因的 PCR 检测 [J]. 中国预防兽医学报, 2009, 31 (11): 860-863, 909.

[313] 徐结, 侯晓, 张雪婧, 等. 牛源金黄色葡萄球菌凝固酶分型与致病因子检测 [J]. 中国预防兽医学报, 2019, 41 (2): 196-199.

[314] ALGAMMAL A M, HETTA H F, ELKELISH A, et al. Methicillin - resistant *Staphylococcus aureus* (MRSA): one health perspective approach to the bacterium epidemiology, virulence factors, antibiotic - resistance,

and zoonotic impact [J]. In fect Drug Resist, 2020, 13: 3255-3265.

[315] 刘肖利, 刘璐瑶, 李镔罡, 等. 金黄色葡萄球菌性奶牛乳腺炎调查及菌株耐药性和毒力分析 [J]. 西北农业学报, 2021, 30 (10): 1452-1460.

[316] 苑晓萌. 奶源金黄色葡萄球菌的流行特点及其噬菌体药效动力学研究 [D]. 济南: 山东师范大学, 2021.

[317] 彭展. 河南地区奶牛乳腺炎葡萄球菌的分离鉴定及耐药性分析 [D]. 郑州: 河南农业大学, 2021.

[318] 屈云. 奶牛乳腺炎病原菌调查及裂解性噬菌体的分离鉴定与生物学特性研究 [D]. 成都: 西南民族大学, 2021.

[319] 朱宁. 上海地区奶牛乳腺炎病原菌的分离鉴定及耐药性分析 [D]. 石河子: 石河子大学, 2020.

[320] BOTREL M A, HAENNI M, MORIGNAT E, et al. Distribution and antimicrobial resistance of clinical and subclinical mastitis pathogens in dairy cows in Phone - Alpes, France [J]. Foodborne Pathog Dis, 2010, 7 (5): 479-487.

[321] DORE S, LICIARDI M, AMATISTE S, et al. Survey on small ruminant bacterial mastitis in Italy, 2013-2014 [J]. Small Ruminant Res, 2016, 141: 91-93.

[322] MENDONCA J, BRITO M, LANGE C, et al. Prevalence reduction of contagious mastitis pathogens in a holstein dairy herd under tropical conditions [J]. J Vet Sci Technol, 2018, 9 (1): 497-499.

[323] POUTREL B, BAREILLE S, LEQUEUX G, et al. Prevalence of mastitis pathogens in France: antimicrobial susceptibility of *Staphylococcus aureus*, *Streptococcus uberisand*, *Escherichia coli* [J]. J Vet Sci Technol, 2018, 9 (2): 14-18.

[324] GONCALVES J L, KAMPHUIS C, MARTINS C M, et al. Bovine subclinical mastitis reduces milk yield and economic return [J]. Livest Sci, 2018, 210: 25-32.

[325] CORTIMIGLIA C, LUINI M, BIANCHINI V, et al. Prevalence of *Staphylococcus aureus* and of methicillin resistant *S. aureus* clonal complexes in bulk tank milk from dairy cattle herds in Lombardy Region (Northern Italy) [J]. Epidemiol Infect, 2016, 144 (14): 3046-3051.

[326] PFIITZNER H, SACHSE K. Mycoplasma bovis as an agent of mastitis, pneumonia, arthritis and genital disorders in cattle [J]. Revue Scientifique

Et Technique, 1996, 15 (4)：1477-1494.

[327] 许金朋. 奶牛乳腺炎四种主要致病菌多重 PCR 检测方法的建立与应用 [D]. 呼和浩特：内蒙古农业大学, 2015.

[328] 徐崇. 江苏地区奶牛乳腺炎病原菌流行病学调查及奶牛乳腺炎源性葡萄球菌耐药特性研究 [D]. 扬州：扬州大学, 2021.

[329] KLAAS I C, ZADOKS R N. An update on environmental mastitis：challenging perceptions [J]. Transbound Emerg Dis, 2018, 65 (8)：166-185.

[330] ZEHNER M M, FARNSWORTH R J, APPLEMAN R D, et al. Growth of environmental mastitis pathogens in various bedding materials [J]. J Dairy Sci, 1986, 69 (7)：1932-1941.

[331] BURVENICH C, VAN MERRIS V, MEHRZAD J, et al. Severity of *E. coli* mastitis is mainly determined by cow factors [J]. Vet Res, 2003, 34 (5)：521-564.

[332] ZADOKS R N, MIDDLETON J R, MCDOUGALL S, et al. Molecular epidemiology of mastitis pathogens of dairy cattle and comparative relevance to humans [J]. J Mammary Gland Biol Neoplasia, 2011, 16 (4)：357-372.

[333] 苑晓萌, 赵效南, 李璐璐, 等. 山东地区乳腺炎牛奶中大肠杆菌的分离鉴定及耐药性分析 [J]. 中国畜牧兽医, 2021, 48 (1)：312-323.

[334] 涂军. 南宁某奶牛场乳腺炎监测与病原调查 [D]. 南宁：广西大学, 2017.

[335] GAO J, BARKEMA H, ZHANG L, et al. lncidence of clinical mastitis and distribution of pathogens on large Chinese dairy farms [J]. J Dairy Sci, 2017, 100 (6)：4797-4806.

[336] 张莉莉. 奶牛乳腺炎主要病原菌药物敏感性及分子特性研究 [D]. 兰州：兰州大学, 2018.

[337] 李丽好. 奶牛乳腺炎病原菌的分离鉴定及 β-防御素 4 和 5 对其抑菌活性研究 [D]. 保定：河北农业大学, 2018.

[338] 程彪. 新疆昌吉地区奶牛乳腺炎主要致病菌的分离、鉴定及多重 PCR 检测方法的建立 [D]. 乌鲁木齐：新疆农业大学, 2021.

[339] Riekerink RGMD, BARKEMA H W, KELTON D F, et al. lncidence rate of clinical mastitis on Canadian dairy farms [J]. J Dairy Sci, 2008, 91 (4)：1366-1377.

[340] 李佳荣, 李军, 吴达勇, 等. 牛肺炎克雷伯氏菌病的诊断与防控 [J].

中国畜牧兽医文摘，2018，5：182.

[341] 王亨，吴培福，邱昌伟，等. 肺炎克雷伯氏菌对荷斯坦奶牛乳腺上皮
细胞黏附和侵袭的体外研究 [J]. 畜牧兽医学报，2008，39（4）：
494-498.

[342] FUENZALIDA M J, RUEGG P L. Negatively controlled, randomized clinical
trial to evaluate intramammary treatment of nonsevere, gram-negative clinical
mastitis [J]. J Dairy Sci, 2019, 102（6）：5438-5457.

[343] BANNERMAN D D, PAAPE M J, HARE W R, et al. Hope. Character-
ization of the bovine innate immune response to intramammary infection with
Klebsiella pneumoniae [J]. J Dairy Sci, 2004, 87（8）：2420-2432.

[344] 邓波，王晓旭，刘洋，等. 上海地区生乳中肺炎克雷伯氏菌毒力基因
和耐药性分析 [J]. 中国奶牛，2021（6）：35-40.

[345] 李田美. 陕西部分奶牛场乳腺炎乳样主要病原菌的分离鉴定及三重
PCR方法的建立 [D]. 杨凌：西北农林科技大学，2021.

[346] 张燕，朱超. 我国沙门氏菌病和菌型分布概况 [J]. 现代预防医学，
2002，29（3）：400-401.

[347] 陈薄言. 家畜传染病学 [M]. 北京：中国农业出版社，2007.

[348] 李郁，焦新安，魏建忠，等. 屠宰生猪沙门氏菌分离株的血清型和药
物感受性分析 [J]. 中国人畜共患病学报，2008，24（1）：67-70.

[349] 张楠，张博，石玉祥. 邯郸地区奶牛乳腺炎病原菌的分离鉴定及耐药
性分析 [J]. 中国奶牛，2021（9）：40-43.

[350] 任瑞雪. 海南两个奶牛场主要疫病流行情况调查 [D]. 乌鲁木齐：新
疆农业大学，2021.

[351] 王小立. 河北地区牛源大肠杆菌和沙门氏菌的分离鉴定及耐药性分析
[D]. 秦皇岛：河北科技师范学院，2022.

[352] 欧阳喜光，邓强，仝钰洁，等. 我国金黄色葡萄球菌耐药性现状，产
生机制及防治措施初探 [J]. 中国奶牛，2021（11）：5-7.

[353] 王旭荣，李宏胜，李建喜，等. 奶牛临床型乳腺炎的细菌分离鉴定与
耐药性分析 [J]. 中国畜牧兽医，2012，39（7）：4.

[354] 李欣南，韩镌竹，高铎，等. 某奶牛场牛乳中金黄色葡萄球菌的耐药
性分析 [J]. 黑龙江畜牧兽医，2018（9）：28-30，243-245.

[355] 李希强，杨亲，王雅文，等. 内蒙古某牛场牛乳中大肠杆菌和金黄色
葡萄球菌的分离鉴定及耐药性分析 [J]. 黑龙江畜牧兽医，2019
（5）：89-92，181-182.

[356] 张妤，孙冰清，姜芹，等. 2016—2020年上海地区乳源金黄色葡萄球

菌耐药性及最低抑菌浓度变迁情况分析 [J]. 食品安全质量检测学报, 2021, 12 (10): 6.

[357]　宋淑英. 抚顺某奶牛场隐性乳腺炎病原菌耐药性的调查研究 [J]. 现代畜牧兽医, 2022 (3): 4.

[358]　MEHMETI I, BEHLULI B, MESTANI M, et al. Antimicrobial resistance levels amongst *Staphylococci* isolated from clinical cases of bovinemastitis in Kosovo [J]. J Infect Dev Ctries, 2016, 10 (10): 1081-1087.

[359]　PETROVSKI K R, GRINBERG A, WILLIAMSON N B, et al. Susceptibility to antimicrobials of mastitis – causing, *Staphylococcus*, *Streptococcus uheris* and S *tr. dysgalactiae* from New Zealand and the usa as assessed by the disk diffusion test [J]. Aust Vet J, 2015, 93 (7): 227-233.

[360]　RUEGG P L, OLIVEIRA L, JIN W, et al. Phenotypic antimicrobial susceptibility and occurrence of selected resistance genes in gram—positive mastitispathogens isolated from Wisconsin dairy cows [J]. J Dairy Sci, 2015, 98 (7): 4521-4534.

[361]　JAMALI H, RADMEHR B, ISMAIL S. Short communication: prevalence and antibiotic resistance of *Staphylococcus aureus* isolated from bovine clinical mastitis [J]. J Dairy Sci, 2014, 97 (4): 2226-2230.

[362]　ASLANTAS O, DEMIR C. Investigation of the antibiotic resistance and biofilm—forming ability of *Staphylococcus aureus* from subclinical bovine mastitis cases [J]. J Dairy Sci, 2016, 99 (11): 8607-8613.

[363]　SZWEDA P, SCHIELMANN M, FRANKOWSKA A, et al. Antibiotic resistance in *Staphylococcus aureus* strains isolated from cows with mastitis in Eastern Poland and analysis of susceptibility of resistant strains to alternative nonantibioticagents: lysostaphin, nisin and polymyxin B [J]. Vet Med Sci, 2014, 76 (3): 355-362.

[364]　李家泰, 齐慧敏, 李耘, 等. 2002—2003 年中国医院和社区获得性感染革兰阳性细菌耐药监测研究 [J]. 北京中华检验医学杂志, 2005, 28 (3): 225-230.

[365]　JEVONS M P. Cellbenin—resistant *Staphylococci* [J]. British Medical Journal, 1961, 1 (235): 124-125.

[366]　DEVRIESE L A, VAN DAMME L R, FAMEREE L, et al. Methicillin (cloxacillin) – resistant *Staphylococcus aureus* strains isolated from bovine mastitis cases [J]. Zentralbl Veterinarmed B, 1972, 19 (7): 598-605.

[367] NAM H M, LEE A L, JUNG S C, et al. Antimicrobial susceptibility of *Staphylococcus aureus* and characterization of methicillin-resistant *Staphylococcus aureus* isolated from bovine mastitis in Korea [J]. Foodborne Pathog Dis, 2011, 8 (2): 231-238.

[368] HAENNI M, GALOFARO L, PONSIN C, et al. Staphylococcal bovine mastitis in France: enterotoxins resistance and the human geraldine methicillin-resistant *Staphylococcus aureus* clone [J]. J Antimicrob Chemother, 2011, 66 (I): 216-218.

[369] HATA E, KATSUDA K, KOBAYASHI H, et al. Genetic variation among *Staphylococcus aureus* strains from bovine milk and their relevance to methicillin-resistant isolates from humans [J]. Clin Microbio1, 2010, 48 (6): 2130-2139.

[370] 白燕雨. 生鲜乳生产中耐甲氧西林金黄色葡萄球菌的耐药性分析及散播研究 [D]. 晋中: 山西农业大学, 2019.

[371] 刘君, 陈创夫, 褚明亮. 牛源耐甲氧西林金黄色葡萄球菌的分离鉴定 [J]. 动物医学进展, 2008, 29 (9): 42-44.

[372] 姜慧娇, 苏艳, 韦海娜, 等. 牛乳源耐甲氧西林金黄色葡萄球菌的检测与耐药性分析 [J]. 新疆农业大学学报, 2013, 36 (1): 16-20.

[373] 王登峰. 奶牛乳腺炎性金黄色葡萄球菌耐药基因检测、分子分型和耐甲氧西林菌株全基因组测序 [D]. 北京: 中国农业大学, 2016.

[374] 王娟, 黄秀梅, 曲志娜, 等. 生鲜牛奶中金黄色葡萄球菌的分离及耐药性分析 [J]. 中国人兽共患病学报, 2014, 30 (12): 1214-1217.

[375] 李文杰. 奶牛乳腺炎凝固酶阴性葡萄球菌的分离鉴定与耐药性分析 [D]. 杨凌: 西北农林科技大学, 2017.

[376] 孙垚. 广东奶牛乳腺炎凝固酶阴性葡萄球菌毒力特性和耐药性分析 [D]. 广州: 华南农业大学, 2016.

[377] 王馨宇, 裴琳, 于恩琪, 等. 奶牛乳腺炎凝固酶阴性葡萄球菌耐药性分析 [J]. 中国畜牧兽医, 2014 (6): 207-210.

[378] FREY Y, RODRIGUEZ J P, THOMANN A, et al. Genetic characterization of antimicrobial resistance in coagulase-negative *Staphylococci* from bovinemastitis milk [J]. J Dairy Sci, 2013, 96 (4): 2247-2257.

[379] 丁月霞, 李嫚, 赵俊利, 等. 内蒙古地区奶牛乳腺炎链球菌毒力基因检测及耐药性研究 [J]. 中国兽医学报, 2015 (3): 477-482.

[380] 杨淑华, 谭克, 于立辉, 等. 辽宁地区奶牛临床型乳腺炎病原菌的分离鉴定及耐药性分析 [J]. 中国兽医学报, 2015 (9): 1548-1552.

[381] 王凤，宋立，汤德元，等. 奶牛乳腺炎病原菌的分离鉴定、血清型及耐药性研究 [J]. 动物医学进展，2013（6）：62-67.

[382] 王桂琴，杨萌萌，邢燕，等. 宁夏地区奶牛乳腺炎金黄色葡萄球菌耐药性分析 [J]. 动物医学进展，2011（10）：59-62.

[383] 许女，史改玲，陈旭峰，等. 乳源凝固酶阴性葡萄球菌的 PFGE 分型及耐药性研究 [J]. 中国食品学报，2016，16（9）：33-41.

[384] SAMPIMON O C, LAM T J G M, MEVIUS D J, et al. Antimicrobial susceptibility of coagulase-negative *Staphylococci* isolated from bovine milk samples [J]. Vet Microbiol, 2011, 150：173-179.

[385] CHAJECKA-WIERZCHOWSKA W, ZADERNOWSKA A, NALEPA B, et al. Coagulase-negative. S *taphylococci*（CONS）isolated from ready-to-eat food of animal origin a phenotypic and genotypic antibiotic resistance [J]. Food Microbiol, 2015, 46：222-226.

[386] RUARO A, ANDRIGHETTO C, TORRIANI S, et al. Biodiversitv and characterization of indigenous coagulase-negative *Staphylococci* isolated from raw milk and cheese of North Italy [J]. Food Microbiol, 2013, 34：106-111.

[387] 石润佳，韩荣伟，王军，等. 华北地区乳腺炎奶样中大肠杆菌的耐药性研究 [J]. 现代食品科技，2019，35（5）：8.

[388] 张雪婧，何卓琳，侯晓，等. 甘肃某地区奶牛运动场环境中耐药菌流行情况及相关耐药基因检测 [J]. 中国畜牧兽医，2020，47（6）：10.

[389] 余茂林，姜中其. 杭州奶牛场乳源大肠杆菌的耐药性分析 [J]. 当代畜牧，2018（12）：40-43.

[390] 刘欣彤，陈孝杰，王玉凤，等. 重点区域规模化牧场牛奶源大肠杆菌耐药性研究 [J]. 中国兽医杂志，2022，58（1）：53-58，61.

[391] PIPOZ F, PERRETEN V, MEYLAN M. Bacterial resistance in bacteria isolated from the nasal cavity of Swiss dairy calves [J]. Schweiz Arch Tierheilkd, 2016, 158（6）：397-403.

[392] 张瑞瑞. 生乳中蜡样芽孢杆菌的溯源及产蛋白酶特性的研究 [D]. 合肥：安徽农业大学，2021.

[393] GIFFEL M C T, BEUMER R R, GRANUM P E, et al. Isolation and characterisation of *Bacillus cereus* from pasteurised milk in household refrigerators in the Netherlands [J]. Int J Food Microbiol, 1997, 34（3）：307-318.

［394］ 张红芝，刘雪薇，顾其芳，等. 基于全基因组测序的蜡样芽孢杆菌食品分离株分子特征及耐药性研究 ［J］. 中国食品卫生杂志，2021，33（5）：529-535.

［395］ GAO T, DING Y, WU Q, et al. Prevalence, virulence genes, antimicrobial susceptibility, and genetic diversity of *Bacillus cereus* isolated from pasteurized milk in China ［J］. Front Microbiol, 2018, 9: 533-541.

［396］ 张艳，石强，周庆民，等. 奶牛乳腺炎病原菌的分离鉴定、药物敏感性及致病性研究 ［J］. 黑龙江畜牧兽医，2020（23）：85-88，167-168.

［397］ 易华山，马鲜平，赵瑶，等. 1 株乳源蜡样芽胞杆菌的分离鉴定及致病性分析 ［J］. 中国兽医学报，2020，40（8）：1491-1500.

［398］ 宋倩，达举云，李怡娜，等. 宁夏吴忠地区奶牛临床型乳腺炎主要病原菌的分离鉴定及耐药性分析 ［J］. 动物医学进展，2022，43（2）：70-75.

［399］ 范雪. 牛源无乳链球菌关键毒力基因与耐药的相关性分析 ［D］. 乌鲁木齐：新疆农业大学，2021.

［400］ 刘家玲. 3 794 例妊娠期妇女生殖道无乳链球菌的筛查及分子流行病学研究 ［D］. 遵义：遵义医学院，2018.

［401］ 刘琪，王秋东，崔彪，等. 内蒙古部分地区致奶牛乳腺炎链球菌的流行病学及生物学特性分析 ［J］. 中国预防兽医学报，2017，39（11）：875-879.

［402］ 刘龙海. 奶牛乳腺炎无乳链球菌血清型分布、耐药性及其相关基因的研究 ［D］. 北京：中国农业科学院，2017.

［403］ 杜琳. 华北地区奶牛乳腺炎无乳链球菌的生物学特性及其亚单位疫苗的研究 ［D］. 呼和浩特：内蒙古农业大学，2016.

［404］ 赵丽琴. 育龄妇女分离无乳链球菌对氟喹诺酮类抗生素的耐药性及耐药机制研究 ［J］. 医学研究杂志，2015，44（8）：149-151.

［405］ 母丽媛，旷凌寒，周伟，等. 新生儿无乳链球菌感染的临床特点及耐药分析 ［J］. 贵州医药，2015，39（7）：644-645.

［406］ 高菊梅. 宁夏地区牛源无乳链球菌主要毒力基因和耐药基因的检测与序列分析 ［D］. 银川：宁夏大学，2015.

［407］ MINAMI M, NISHIYAMA H, IKEUAMI S, et al. Analysis of pyelonephritis-associated beta hemolytic *Streptococcus* in Japan ［J］. J Biosc Med, 2018, 6（12）：45-52.

［408］ SINGH K, CHANDA M, KAUR G, et al. Prevalence and antibiotic resistance pattern among the mastitis causing microorgamsms [J]. Open J Vet Med, 2018, 8 (4): 54-64.

[409] 尹欣悦, 吴鹏, 马忠臣, 等. 一株无乳链球菌的分离鉴定与耐药性分析 [J]. 黑龙江畜牧兽医, 2020 (22): 99-101, 168.

[410] 谢径峰, 陈文, 蔡立志, 等. 2019年福州市无乳链球菌耐药性及区域进化分析 [J]. 中国卫生检验杂志, 2021, 31 (8): 951-954.

[411] 王爱媛, 郑立新, 蒲文渊, 等. 海南无乳链球菌的毒力基因与耐药特性分析 [J]. 水产科学, 2020, 39 (1): 117-123.

[412] 锡林高娃, 吴金花, 孙立杰, 等. 内蒙古东部区牛乳中金黄色葡萄球菌和无乳链球菌耐药性分析 [J]. 中国病原生物学杂志, 2015, 10 (4): 303-306, 328.

[413] 张成虎, 胡宏伟, 蔡元, 等. 奶牛乳腺炎无乳链球菌的分离鉴定及耐药性分析 [J]. 中国奶牛, 2015 (6): 28-31.

[414] 胡发龙. 孕晚期妇女无乳链球菌感染与耐药性情况及对新生儿的影响 [J]. 中国微生态学杂志, 2016, 28 (5): 598-600.

[415] 蒋斓, 谢彦玲, 杨新华, 等. 围产期无乳链球菌携带状况及耐药性分析 [J]. 中国微生态学杂志, 2017, 29 (8): 949-952, 957.

[416] 黄韵, 张正银, 王亚婷, 等. 女性泌尿生殖道的无乳链球菌耐药性分析 [J]. 检验医学, 2017, 32 (11): 994-998.

[417] 杨明伟, 韦慕兰, 罗福广, 等. 罗非鱼源无乳链球菌对氨基糖苷类耐药性及耐药基因检测 [J]. 西南农业学报, 2018, 31 (11): 2438-2444.

[418] 颜丽香, 刘惠敏, 曾小琼. 河源地区无乳链球菌感染在孕妇和新生儿患者中的临床特点及药敏分析 [J]. 现代医药卫生, 2018, 34 (5): 710-712, 715.

[419] 宁丹, 方伟, 柯昌文, 等. 广东省罗非鱼无乳链球菌耐药性及毒力研究 [J]. 热带医学杂志, 2019, 19 (8): 974-978.

[420] 杨洁, 蒋威, 沈文祥, 等. 奶牛源乳房链球菌毒力与耐药性分析 [J]. 动物医学进展, 2022, 43 (1): 12-18.

[421] 王慧, 刘伯承, 杨俊, 等. 8株奶牛乳腺炎链球菌的分离鉴定与耐药性分析 [J]. 湖南畜牧兽医, 2021 (6): 23-25.

[422] 王玮. 规模化奶牛养殖中抗生素的应用对乳区奶中微生物多态性的影响评价 [D]. 北京: 中国疾病预防控制中心, 2014.

[423] 孙亚琼. 奶牛乳腺炎性乳房链球菌的MLST分型与耐药性分析 [D]. 银川: 宁夏大学, 2021.

［424］ HILLERTON J E, SHEARN M F, TEVERSON R M, et al. Effect of pre-milking teat dipping on clinical mastitis on dairy farms in england ［J］. J Dairy Res, 1993, 60 (1): 31-41.

［425］ PANKEY J W, PANKEY P B, BARKER R M, et al. The prevalence of mastitis in primiparous heifers in eleven waikato dairy herds ［J］. N Z Vet J, 1996, 44 (2): 41-44.

［426］ WILLIAMSON J H, WOOLFORD M W, DAY A M. The prophylactic effect of a dry-cow antibiotic against *Streptococcus uberis* ［J］. N Z Vet J, 1995, 43 (6): 228-234.

［427］ GAO J, BARKEMA H W, ZHANG L M, et al. Incidence of clinical mastitis and distribution of pathogens on large Chinese dairy farms ［J］. J Dairy Sci, 2017, 100 (6): 4797-4806.

［428］ ZHANG Z, LI X P, YANG F, et al. Influence of swason, parity, lactation, udder area, milk yield, and clinical symptoms on intramammary infection in dairy cows ［J］. J Dairy Sci, 2016, 99 (8): 6484-6493.

［429］ 张楠楠. 上海光明奶牛乳腺炎致病菌、耐药性调查及其与牛奶体细胞的关系 ［D］. 长沙: 湖南农业大学, 2020.

［430］ 李明. 新疆部分地区生鲜乳中致病菌的分离鉴定和耐药性分析 ［D］. 乌鲁木齐: 新疆农业大学, 2020.

［431］ 胡宏伟, 蔡元, 田斌, 等. 奶牛乳腺炎停乳链球菌的分离鉴定及耐药性分析 ［J］. 畜牧兽医杂志, 2015, 34 (4): 11-14.

［432］ 谢玉杰. 奶牛临床乳腺炎主要致病菌多重 PCR 及多重荧光定量 PCR 检测方法的建立与应用 ［D］. 银川: 宁夏大学, 2022.

［433］ 王慧辉, 王生奎, 杨仕标, 等. 云南省某规模化奶牛场乳腺炎细菌的分离鉴定与耐药性分析 ［J］. 云南畜牧兽医, 2021 (3): 18-21.

［434］ ZHANG S, PIEPERS S, SHAN R, et al. Phenotypic and genotypic characterization of antimicrobial resistanee profiles in *Streptococcusdysgalactiae* isolated from bovine clinical mastitis in 5 provinces of China ［J］. J Dairy Sci, 2018, 101 (4): 3344-3355.

［435］ PIRAS FRANCESCA, SPANU CARLO, SANNA RITA, et al. Detection, virulence genes and antimicrobial resistance of *Yersinia enterocolitica* in sheep and goat raw milk ［J］. Int Dairy J, 2021, 117 (2): 105011.

［436］ 李帅. 乳酸菌的益生功能及其在畜牧生产中的应用 ［J］. 农村经济与科技, 2017, 28 (4): 36.

［437］ VÝROSTKOVÁ J, REGECOVÁ I, KOVÁČOVÁ M, et al. Antimicrobial resistance of *Lactobacillus johnsonii* and *Lactobacillus zeae* in raw milk [J]. Processes, 2020, 8 (12): 1627.

[438] 朱永官, 欧阳纬莹, 吴楠, 等. 抗生素耐药性来源与控制对策 [J]. 中国科学院刊, 2015, 30 (4): 509-516.

[439] 秦宇轩, 李晶, 王秋涯, 等. 市售酸奶中乳酸菌的鉴定与耐药性 [J]. 微生物学报, 2013, 53 (8): 889-897.

[440] 于涛, 姜晓冰, 李磊, 等. 市售酸奶中乳酸菌耐药性及耐药基因的检测 [J]. 食品科学, 2016, 37 (11): 131-136.

[441] PAN L, HU X, WANG X. Assessment of antibiotic resistance of lacticacid bacteria in Chinese fermented foods [J]. Food Control, 2011, 22 (8): 1320-1321.

[442] NAWAZ M, WANG J, ZHOU A, et al. Characterization and transfer of antibiotic resistance in lactic acid bacteria from fermented food products [J]. Curr Microbiol, 2011, 62 (3): 1081-1089.

[443] OUOBA L I, LEI V, JENSEN L B. Resistance of potential probiotic lactic acid bacteria and bifidobacteria of African and European origin to antunicrobials: determination and transferability of the resistance genes to other bacteria [J]. Int J Food Microbiol, 2008, 121 (2): 217-224.

[444] 梁萌萌, 张柏林, 赵紫华, 等. 几株益生乳杆菌耐药性的研究 [J]. 河北工业科技, 2011, 28 (4): 250-253.

[445] 王海清, 马瑞, 刘硕然, 等. 酸奶中乳酸菌耐药性 [J]. 中国公共卫生, 2019, 35 (8): 1027-1031.

[446] VAN D B A L, STOBBERINGH E E. Epidemiology of resistance to antibiotics. Links between animals and humans [J]. lnt J Antimicrob Agents, 2000, 14 (4): 327-335.

[447] PAMELLA SILVAP, LANNES-COSTA, RAFAEL AZEVEDO BARAÚNA, et al. Comparative genomic analysis and identification of pathogenicity islands of hypervirulent ST-17 *Streptococcusagalactiae* Brazilian strain [J]. Infect Genet Evol, 2020, 80: 104195.

[448] 张妤, 孙冰清, 姜芹, 等. 2017—2021 年上海市动物源粪肠球菌、屎肠球菌耐药性情况变迁分析 [J]. 中国兽药杂志, 2022, 56 (8): 1-9.

[449] WANG J, LU D Q, JIANG B, et al. Influence of temperature on the vaccine efficacy against *Streptococcus agalactiae* in nile tilapia (Oreochromis niloticus) [J]. Aquaculture, 2020, 521: 734943.

[450] 王婧婧, 吴林清, 陈如寿, 等. 耐万古霉素肠球菌耐药基因、转座子

结构和多位点序列分析 [J]. 检验医学, 2021, 36 (9): 891-895.

[451] 苏荣镇, 范琨, 邹颜秋硕, 等. 云南省牛乳中单核细胞增生李斯特氏菌的分布特征、耐药性及毒力研究 [J]. 食品安全质量检测学报, 2021, 12 (3): 1192-1199.

[452] 段晋伟. 一牛场生鲜乳中沙门氏菌的耐药性检测及溯源分析 [D]. 晋中: 山西农业大学, 2020.

[453] 杨德凤, 吴小慧, 黄梦夏, 等. 贵阳市散养奶牛牛奶中沙门氏菌的分离鉴定与耐药性分析 [J]. 贵州畜牧兽医, 2018, 42 (2): 14-17.

[454] YANG F, ZHANG S D, SHANG X F, et al. Short communication: antimicrobial resistance and virulence genes of *Enterococcus faecalis* isolated from subclinical bovine mastitis cases in China [J]. J Dairy Sci, 2019, 102 (1): 140-144.

[455] ARMIN T, LAURA T, SABRINA G, et al. Differences in carbohydrates utilization and antibiotic resistance between *Streptococcus macedonicus* and *Streptococcus thermophilus* strains isolated from dairy products in Italy [J]. Curr Microbiol, 2018, 75 (10): 1334-1344.

[456] 吴博, 严非, 付朝伟. 中美细菌耐药监测及治理演变比较 [J]. 中国卫生资源, 2021, 24 (5): 615-619.

[457] 马苏, 沈建忠. 动物源细菌耐药性监测国内外比较 [J]. 中国兽医杂志, 2016, 52 (9): 121-124.

[458] BAGER F. DANMAP: monitoring antimicrobial resistance in denmark [J]. Int J Antimicrob Agents, 2000, 14 (4): 271-274.

[459] HAMMERUM A M, HEUER O E, EMBORG H D, et al. Danish integrated antimicrobial resistance monitoring and research program [J]. Emerg Infect Dis, 2007, 13 (11): 1633-1639.

[460] GILBERT JEFFREY M, WHITE DAVID G, MCDERMOTT PATRICK F. The us national antimicrobial resistance monitoring system [J]. Future Microbiol, 2007, 2 (5): 493-500.

[461] The Japanese veterinary antimicrobial resistance monitoring system [EB/OL]. [2014-07-18] http://www.maff.go.jp/nval/tyosa_kenkyu/taiseiki/monitor/e_index.html.

[462] Canadian integrated program for antimicrobial resistance surveillance (CIPARS) annual reports [EB/OL]. [2008-11-26] http://www.phac-aspc.gc.ca/cipars-picra/pubs-eng.php#ar.

[463] 韩国延世医学院 [EB/OL]. [2014-08-06] http://medicine.yon-

sei. ac. kr/en/Research/research _ inst/Research _ Bacterial/abouttheinstitute/.

[464] 张苗苗，戴梦红，黄玲利，等. 欧盟兽用抗菌药耐药性管理 [J]. 中国兽药杂志，2013，47（2）：38-42.

[465] 澳大利亚农药和兽药管理局. http：//www. apvma. gov. au/，2022-7-3.

[466] 英国兽药总署网站. http：//www. vmd. defra. gov. uk/，2022-7-3.

[467] Federal Department of Food and Agriculture. http：//www. bmel. de/EN/Honiepage/homepage _ node. htmlysessionid ＝ 7059550C70667AB239CAlFA65. EE0FEC4. 2_cid367，2022-7-3.

[468] JAKOBSSON H E, JERNBERG C, ANDERSSON A F, et al. Short-term antibiotic treatment has differing long-term impacts on the human throat and gut microbiome [J]. PloS ONE, 2010, 5 (3)：e9836.

[469] KHARDORI N M. In-feed antibiotic effects on the swine intestinal microbiome [J]. Yearb Med Inform, 2012：61-63.

[470] 刘天旭，杨晓洁，徐建，等. 畜禽养殖抗生素替代物研究进展 [J]. 家畜生态学报，2021，42（7）：1-7.

[471] 翁爱新，王春联，曹东明，等. 淳安县规范畜禽养殖管理推进畜牧生态发展的体会 [J]. 浙江畜牧兽医，2020，45（3）：21-27.

[472] 梁东元. 基层畜牧养殖管理存在的问题与解决方法 [J]. 畜禽业，2022，33（3）：89-91.

[473] GISELLE C C, ZAMIRA G. The safety, tolerability and efficacy of probiotic bacteria for equine use [J]. J Equine Vet Sci, 2021, 99 (4)：123-131.

[474] 李会洲. 益生菌可有效缓解高温季热应激对鸡的负面影响 [J]. 国外畜牧学（猪与禽），2018，38（10）：72-73.

[475] GOTO H, QADIS A Q, KIM Y H, et al. Effects of a bacterial probiotic on ruminal pH and volatile fatty acids during subacute ruminal acidosis (SARA) in cattle [J]. J Vet Med Sci, 2016, 78 (10)：1595-1600.

[476] PINLOCHE E, MCEWAN N, MARDEN J P, et al. The effects of a probiotic yeast on the bacterial diversity and population structure in the rumen of cattle [J]. PloS ONE, 2013, 8 (7)：e67824.

[477] 王卫正，刘青，张香云，等. 酵母培养物对奶牛生产性能及抗氧化功能的影响 [J]. 中国畜牧杂志，2016，52（19）：61-66.

[478] 杨德莲，张华，童津津，等. 植物提取物对反刍动物免疫反应、氧化应激以及胰岛素调节的影响 [J]. 动物营养学报，2018，30（6）：

2064-2069.

[479] KIRCHGESSNER M，ROTH F X. Fumaric acid as a feed additive in pig nutrition ［J］. Pig News and Information，1982，3（3）：11-21.

[480] 徐淼，刘明宇，黄竹，等. 饲料酸化剂替代抗生素的作用机制及应用研究进展 ［J］. 畜牧与饲料科学，2021，42（1）：51-55.

[481] 潘宝海，孙冬岩，孙笑非，等. 有机酸化剂在畜牧养殖业中的应用研究进展 ［J］. 饲料研究，2019，42（11）：101-103.

[482] PATRA A K. Enteric methane mitigation technologies for ruminant livestock：a synthesis of current research and future directions ［J］. Environ Monit Assess，2012，184（4）：1929-1952.

[483] NARAYANA J L，CHEN J Y. Antimicrobial Peptides：Possible Anti-Infective agents ［J］. Peptides，2015，72：88-94.

[484] 靳纯嘏，叶耿坪，唐新仁，等. 反刍动物饲用抗生素替代物研究进展 ［J］. 中国畜牧兽医，2018，45（1）：77-85.

[485] 杨建策，梁雪霞. 益生元及寡糖饲料添加剂的研究和应用 ［J］. 畜禽业，2000（7）：30-32.

[486] 王宣焯，林震宇，陆家海. 抗生素耐药防控的 One Health 策略 ［J］. 生物工程学报，2018，34（8）：1361-1367.

[487] 李显志，张丽. 细菌抗生素耐药性：耐药机制与控制策略 ［J］. 泸州医学院学报，2011，34（5）：445-455.

[488] Van Boeckel T P，Glennon E E，Chen D，et al. Reducing antimicrobial use in food animals ［J］. Science，2017，357（6358）：1350-1352.